工程人的理念与细节

项目全流程管理要点汇编

余雷 王辉 编著

河海大学出版社

HOHAI UNIVERSITY PRESS

·南京·

图书在版编目(CIP)数据

工程人的理念与细节:项目全流程管理要点汇编/
余雷,王辉编著.--南京:河海大学出版社,2022.12
　ISBN 978-7-5630-7884-4

Ⅰ.①工… Ⅱ.①余… ②王… Ⅲ.①建筑工程-工
程项目管理-业务流程-汇编 Ⅳ.①TU712.1

中国版本图书馆 CIP 数据核字(2022)第 245018 号

书　　名	工程人的理念与细节——项目全流程管理要点汇编	
	GONGCHENGREN DE LINIAN YÜ XIJIE:XIANGMU QUANLIUCHENG GUANLI YAODIAN HUIBIAN	
书　　号	ISBN 978-7-5630-7884-4	
责任编辑	卢蓓蓓	
特约编辑	李　阳	
特约校对	夏云秋	
封面设计	刘艳红	
出版发行	河海大学出版社	
地　　址	南京市西康路 1 号(邮编:210098)	
电　　话	(025)83737852(总编室)　(025)83722833(营销部)	
经　　销	江苏省新华发行集团有限公司	
排　　版	南京布克文化发展有限公司	
印　　刷	广东虎彩云印刷有限公司	
开　　本	710 毫米×1000 毫米　1/16	
印　　张	13.5	
字　　数	242 千字	
版　　次	2022 年 12 月第 1 版	
印　　次	2022 年 12 月第 1 次印刷	
定　　价	78.00 元	

前言 | Preface

　　近年来,随着房地产发展进入"黑铁时代",整个建筑行业提质增效的行动也在不断推进,对建筑行业从业人员的技术视野、管理思维等都提出了更高的要求。在这样的大环境背景下,本书凝心总结过去十几年与外企合作的优秀经验,并对国内外专业工程做法进行详细梳理,对应的节点做法在吸收国外优秀做法基础上进行了提升,从最精细的施工管理角度出发,将民用建筑的开工准备、临时工程、桩工程、土方工程、支护工程、地下主体工程、地上主体工程、装饰工程、设备工程、外环境工程,按照工程流程进行梳理浓缩,整理出与质量、工程、安全相关的重要管理项目,通过专业技术与现场工程实践结合,最大效率地将各专业知识点呈现给阅读者,希望能够让传统的施工工艺得到升华,也让读者能有耳目一新的感觉。

　　本书适合建筑相关从业人员对其他建筑类专业的理解与学习,以拓展其从业知识面。更适合想要了解建筑行业管理知识的人士,可以让你从传统的施工管理中拨云见日,更深入地领略管理的精髓。此外在校学生或是建筑业爱好者也可以通过本书,更深入地了解工程项目主要施工流程与管理注意点,为后续建筑类职业发展以及进一步研究带来更多思考。

目 录 | Contents

第一章　概述 ……………………………………………………………… 001

第二章　施工准备 ………………………………………………………… 002
2.1　确认合同内容 ……………………………………………………… 002
2.2　现场调查准备 ……………………………………………………… 003

第三章　临时工程 ………………………………………………………… 006
3.1　临时设施 …………………………………………………………… 006
3.2　临时用电 …………………………………………………………… 007
3.3　卸料平台 …………………………………………………………… 008
3.4　工程机械 …………………………………………………………… 009

第四章　桩基工程 ………………………………………………………… 011
4.1　桩施工方法的选择 ………………………………………………… 011
4.2　现浇混凝土桩（灌注桩） ………………………………………… 012
4.3　预制混凝土桩 ……………………………………………………… 013

第五章　地下主体工程 …………………………………………………… 015
5.1　土方工程 …………………………………………………………… 015
5.2　挡土工程 …………………………………………………………… 018

5.3 地库工程 …………………………………………………………… 026

第六章 地上主体工程 ………………………………………………… 029

6.1 钢筋工程 ………………………………………………………… 029

6.2 模板工程 ………………………………………………………… 042

6.3 混凝土工程 ……………………………………………………… 044

第七章 室内装饰工程 ………………………………………………… 061

7.1 防水工程 ………………………………………………………… 061

7.2 墙面工程 ………………………………………………………… 078

7.3 顶棚工程 ………………………………………………………… 127

7.4 地面工程 ………………………………………………………… 148

第八章 外立面玻璃幕墙工程 ………………………………………… 183

8.1 玻璃工程 ………………………………………………………… 183

8.2 玻璃幕墙工程 …………………………………………………… 186

第九章 安装工程 ……………………………………………………… 194

9.1 电气安装 ………………………………………………………… 194

9.2 配电箱安装 ……………………………………………………… 196

9.3 卫生间等电位安装 ……………………………………………… 198

9.4 卫生洁具安装 …………………………………………………… 199

9.5 给水管道安装 …………………………………………………… 200

9.6 排水管道安装 …………………………………………………… 202

9.7 水地暖安装 ……………………………………………………… 203

第十章 附录 …………………………………………………………… 206

后记 …………………………………………………………………… 210

第一章 概 述

　　本书从施工准备、临时工程、桩基工程、地下主体工程、地上主体工程、室内装饰工程、外立面玻璃幕墙工程、安装工程这几个方面，按照工序流程，对与工程质量、安全、成本相关的重要管理措施进行了总结说明。

　　①从施工准备到临时工程：合同签订后，施工单位在工程开工前必须办理各项施工许可手续。需要在施工前先行安排的材料，要及时确定样品和采购方案，以免发生等待窝工的情况。

　　②从地库工程到主体工程：这是一个对周边环境影响很大，并且决定工程质量的时期，此阶段施工组织难度较大，而且有承上启下的作用，因此务必要重视。

　　③室内装饰工程：此阶段须掌握所有工序流程，确认施工方法的合理性。为了配合工序，要预先确定主体预埋材料部件，尽早确定订货物的制作图。

　　④外立面玻璃幕墙工程：此阶段须掌握所有材料性能，确认施工节点的合理性。涉及使用功能部分的检测和试验一定要重视。

　　⑤安装工程：要注意采购、打孔、预埋、支撑和安装设备类的位置等与主体及精装修的配合，确保其易于维护和检查。

　　本书对于提高现场计划准确性、提升现场管理精细度、明确现场施工组织等方面具有重要的指导意义。另外，工程中往往会遇到各种各样的问题，方案的确认和事前协商是解决问题的基本原则。

第二章 施工准备

2.1 确认合同内容

（1）你掌握设计图书的内容了吗？

设计图书的优先顺序和主要事项见表 2-1。

表 2-1 设计图书的优先顺序和主要事项

优先级	设计图书名	记载的事项
1	现场答疑书	报价时由发包人明确报价条件，除了工程范围以外，建设单位和承包单位对于特殊事项需提前协商（指定材料、工法等）。
2	特殊说明书	补充设计图、标准（通用）规格书，对材料、工法、性能、产品精度、检查标准等进行说明。
3	设计图	将工程项目的内容制成图纸，明确建筑物的位置、形状、尺寸、结构、材料规格等。
4	标准规格书	记载材料的使用标准、施工方法、产品精度、检查方法等，有时也称为通用规格书。

（2）你掌握所有主要工程量了吗？

为了能在期限内高效经济地完成施工任务，要制订详细的工程计划并且在此基础上按计划施工。因此，尽快掌握主要工程量是很有必要的，特别是主体工程的工程量。由于主体工程在整个项目中所占的比例较大，可以按照施工方法或施工顺序，将桩基工程、土方工程、钢筋工程、模板工程、混凝土工程、钢结构工程的主要工程量计算罗列出来，再根据施工方法对应的效率，在标准工期的指导下，推导出各工种的相应劳务人数。

①掌握劳务人数

在主体工程中,模板、钢筋工程对劳务人数影响较大,为了不对后续施工产生影响,木匠、钢筋工人数的调整和确保是很重要的。关于完工工程量,要掌握完工方法的难易度,按照施工方法或施工顺序计算工程量。特别是对于堆场有限制、施工费用高、面积大、设备的配合多的工程,大量使用多种不同材料、施工复杂的部分工程也需注意。

②提前订货的准备

对于开工后立刻需要使用的机械和材料,需要提前安排和订购。通常,需要在开工前事先安排和订购的有打桩的机械、材料,挡土墙的机械、材料,基础的钢筋材料,钢结构材料等,这些都需要先掌握准确的工程量再进行安排和订购。

(3) 关于工期的事项确认好了吗?

①确认合同工期;

②确认施工范围;

③开工时的不利因素确认;

④建筑工程范围再次确认;

⑤确认是否占用道路;

⑥确认周边环境是否存在问题;

⑦事先确认有无订购机械材料;

⑧确认有无地下障碍物;

⑨整体工期的确认(是否把握标准施工期限及附近作业条件),特别是工期短的情况下,应对使用材料、施工方法的制约、成本、技术方案等进行深入研究;

⑩确认作业时间(主体、外装等的施工时间和气候等);

⑪其他(建设活动及其他限制、拆迁工程等)。

2.2 现场调查准备

(1) 你考虑场地条件了吗?

①场地边界的确认

②场地尺寸、标高、面积的确认

对照图纸确认实际场地尺寸、标高、建筑物的位置,确认场地边界与建筑物外围的间隙、临时设施、材料放置场地、通道等空间和位置尺寸。

③场地内障碍物的确认

确认场地内现有建筑物（基础、桩、地下室）、工作物、架空电线、树木、埋设物等障碍物的有无。

④周边道路、相邻河流的确认

为了确定施工出入口的位置，以及临时围栏、脚手架等临时设施对道路的占用情况，需对周边正式道路宽度、交通量等进行调查。

（2）制订高效的建筑材料运输计划了吗？

对项目周边运输路线上的交通限制条件进行调查，包括桥梁高度、道路宽度、单向行驶情况、禁止进入大型车辆、重量限制、荷载限制、时间限制等不利因素。另外，在市区等狭小复杂的施工现场，如果场地内没有足够的材料放置区域，要确认材料运输车有无可以临时等待的地方。

（3）你进行相邻结构物调查了吗？

相邻结构物调查项目及其内容见表 2-2。

表 2-2　相邻结构物调查项目及其内容

调查项目	调查内容	备注
相对位置	相邻结构物与拟建位置的相对关系	从平面和剖面的角度
用途	用途类别	住宅、商业、办公、仓库等
规模	地上、地下层数和面积	塔楼，注意基坑部分
构造	构造类别	钢筋混凝土、钢结构、装配、木结构等
基础工程	基础底板深度、地质类型	基础形式要特别注意
建设工程简介	建设时间、建设时的情况	进行扩建的情况下要调查延伸接头的位置

（4）你掌握建设地的气象条件了吗？

气象数据调查项目及相关事项见表 2-3。

表 2-3　气象数据调查项目及相关事项

调查项目	调查内容	备注
天气	每月不同天气的天数	工作天数分摊
气温	最高、最低、平均气温	温度应力对结构的影响
降雨量	最大降雨量、平均降雨量	·挡土墙方法的选择 ·地下水位的影响 ·排水计划
潮位	满潮时、退潮时的潮位	
融雪期	期间	
河流汛期	期间、最大流量、水位	

（5）进行场地的地基调查了吗？

地基调查对于开挖边坡、挡土墙、重型施工机械稳定性等的规划探讨是非常重要的。如地下水位可能与土质柱状图不同，应在准备期间进行试挖确认。另外，确认土壤是否存在污染也很重要，但如果发现有污染并进行处置，将会不可避免地对工程产生巨大的影响，因此必须事先确认土壤污染情况。

（6）是否在开工前到政府机关完成相关手续办理？

从合同签订到正式开工前的这段时间，需要在了解当地法律法规的基础上，进行各项手续的办理。

①土方开挖申请

申报部门：当地城管局（开挖 1 个月前申请）。

②开通施工出入口申请

在工地设置出入口供工程车辆等通行，如出入口会对现有人行道、护栏、行道树等造成影响，需要向道路主管部门、交通部门进行申报。

申报部门：市政道路管理处（施工前 1 个月申请）。

③其他施工许可证按要求在所在地主管部门办理。

3.1 临时设施

（1）是否设有符合相关法令的临时围挡？

设置临时围挡是为了将工地与外部隔离，同时起到防盗、保护行人安全、邻居保护等作用。临时围挡的高度、样式、标识等应根据当地的规范要求来设置。

（2）临时建筑物配置是否满足功能需求？

临时建筑物包括临时办公室、工作人员值班室、宿舍、卫生设施、材料保管设施等，这些都会在工程完成后拆除，所以应尽可能简单，但必须要满足功能需求。在项目场地范围内设置临时建筑物不需要申请，如需借用附近的场外用地设置临时建筑物，则需要向当地规划相关部门申请。

（3）临时道路的规格是否符合使用目的？

多个工程共用的临时道路设置时间较长，应进行成品保护，以避免临时道路在使用期间被损坏。临时道路的规格应统筹考虑使用目的、使用频率、行驶频率等，如表3-1所示。

表 3-1　临时道路的规格（根据行驶车辆的重量）

车辆·机械		规格
卡车	重量8 t以下	·根据通行频率决定碾压、铺砂砾、垫层、混凝土浇筑（50 mm厚）等
	重量8 t以上	·铺设垫层、混凝土浇筑50 mm左右（通行频率少时，也可以在特定位置设置）

车辆·机械	规格
拖车	· 通行频率低,优选铺铁板等方便使用的规格; · 通行频率高或使用期间长时,采用铺路垫、混凝土浇筑(50 mm 厚)等规格
自卸汽车	· 在建筑物内地基上行驶时,由于停留和使用时间较短,可采用铺设铁板的方式; · 在建筑物的外侧与其他工程共用,考虑到使用时间长,所以采用铺路垫、混凝土浇筑(150 mm 厚)等; · 斜坡在碾压、铺碎石的基础上铺上铁板
敞篷汽车	· 铺设路垫、浇筑混凝土(150 mm 厚)等; · 像基础工程一样,建筑物内地基的行驶道路,为了便于在后面的挖掘工程中拆除,采用铁板铺设
卡车起重机	· 行驶道路为碾压、碎石铺筑; · 工作期间为防止悬臂下沉,采用混凝土浇筑或铁板铺设
履带起重机	· 砂砾铺面,在作业期间,部分使用装载垫等钢材

3.2　临时用电

(1) 确认现场周边的电力设备状况了吗?

临时用电计划按以下步骤实施:

现场调查→电力工程方案设计→电力合同和申请手续→工程用电设备计划

①现场调查

到项目所在地供电部门调查现场周边配电接口情况,为临时用电方案编制提供依据。

②临时用电方案编制

设计临时用电方案,预测负荷高峰时期用电量,决定临时电设备容量。负荷容量包括潜水泵、焊机、临时起重机械、临时照明、现场办公、临时售楼部等,考虑时应全面。

③临时复电合同和申请手续

受电合同及细节见表 3-2。

表 3-2　受电合同及其细节

合同类别	合同容量	合同时间	引入方法	申请时间
低压电力	50 kW 以下	1 年以下	架空	受电前 2 周
			地下	受电前 3~6 个月
		1 年以上	架空	受电前 2 周
			地下	受电前 3~6 个月
高压电力	50 kW 以上	1 年以下	架空	受电前 1 个月
			地下	受电前 3~6 个月
		1 年以上	架空	受电前 1 个月
			地下	受电前 3~6 个月

注：根据合同类别(低压、高压)、合同容量、合同期间、引入方法(架空、地下)的不同，申请时间和引入工程费也不同，所以要事先仔细研究。

（2）施工用电设备的配置计划合理吗？

①建筑内部用电设备的配置计划

对于建筑物内部用电设备,要根据实际施工进度和工种情况进行配置。

②建筑外部干线的配置计划

调查现场情况,制定详细的临时电施工方案,例如:大门等车辆出入的位置必须考虑将干线埋设在地下。

③照明配置计划

接入式照明布置在升降设施、休息区等公用设施处,保证安全照明。

（3）有没有对施工现场临时用电进行日常检查？

①日常检查

日常检查是防止电气事故和灾害发生最重要的手段。应编制电气设备日常检查核对清单,对现场进行巡回检查。

②低压电气设备的定期检查和检查记录的制作

检查对象是分电盘、干线、接入电缆、起重机等。

③工人自带电器的定期检查和检查记录的制作

对于工人自带的电器要进行台数、容量、电压、使用时间等的检查。

3.3　卸料平台

（1）卸料平台的结构计算中考虑了各种条件吗？

在卸料平台结构计算中,应考虑自重荷载、施工时荷载、积雪荷载等竖向荷载,以及风压、地震力、起重机械的水平荷载等。

①载重如下式所示:

$$P = (1 + 0.05A)P_o \tag{3-1}$$

式中:P 为货架的装载负荷;A 为货架的面积;P_o 为起重机械的允许容积负荷。

②工作负荷为自重和载重合计的 10%。

③假设载荷在货架上的偏移分布在货架总跨度的 60%上。

(2) 开挖出入口的规模和尺寸是否适当?

①出入口的规模一般为挖掘面积的 30%左右,但在市区工程中,由于车位不足,面积有增加的趋势,在超高层的工程中,出入口面积有时会达到挖掘面积的40%~45%。

②减少在装料台架下进行组装、拆卸的支撑梁的数量。

③地下有钢结构时,应避免墩台位置与钢柱位置重合,减少墩台下进行的钢梁安装工作。

④出入口的宽度应考虑出入车辆和工程用机械的大小、状况、车辆行驶频率等。

3.4 工程机械

(1) 移动式起重机的配置计划合理吗?

按照机种配置计划的步骤进行选型,选择时要考虑建筑物的大小、工期、选址条件、起重材料的种类、经济性等,同时有必要考虑压力和防风措施。

开始→建筑物基本情况(规模、用途、形状、高度、层数、结构、工期)→建筑施工方法的决定→工程决定(使用期间)→掌握场地条件(可用场地、动线研究)、边界的确认(建筑方的讨论)、设置位置(后部障碍、障碍物)→特殊环境条件的掌握(机场路的进入障碍)、接近高压输电线路(与电力公司协商)、接近铁路(与铁路公司协商)→掌握起重条件(吊运的最大重量、必要最大作业半径·扬程)→机种、型号、规格的选择(履带起重机、卡车起重机、粗吊车、攀岩起重机)→支撑地基(悬臂反力、履带接地压力、加固方法研究)→组装拆卸空间(辅助吊杆长度组装·拆卸、塔台长度组装·拆卸、主体组装·拆卸)→搬入搬出路径的调查(向道路管理员申请特殊车辆、道路管制)→悬臂前端高度 60 m 以上(航空障碍灯、白天障碍标识的设置应向交通部门申报)→经济成本核算→结束。

(2) 固定式起重机械的配置计划合理吗?

与移动式起重机一样,按照配置计划的步骤进行选型。

开始→基本条件的把握(建筑的用途、形状、高度、楼层、结构、其他)、选址条件(地形、面积、地基、道路、邻地等)、施工方法(层叠、其他)、工期→起重运输机械基本计划(主体工程施工天数、使用时间、经济性)、起重搬运物(重量、数量、位置)、动线计划(人、物、工区、出入口)、选型(固定式、临设)、设置场所·台数、法规→掌握工作条件(整体工期、施工计划、临时计划、动线计划)、起重搬运物(建筑、设备、临设等)、起重搬运量和时期、各机种起重搬运物的分类(重量、位置等)、机械的起重搬运能力→机种、型号的选择[设置场所·高度、组装·拆卸计划、安全性、经济性、起重搬运条件(重量、位置、样式等)、机械基础形式]→机械经费概算计算→设置计划书的制作(安装地点、高度、组装、拆卸计划、基础、进场台架计划、控制计划、安全管理计划等)→详细成本计算→结束。

第四章 | 桩基工程

4.1 桩施工方法的选择

(1) 是否选定了合适的桩基施工方法?

桩工程最重要的是确定合适的施工方法,将施工时的管理项目、管理标准制定为施工计划,据此进行施工管理,并留下施工记录。

(2) 混凝土桩的种类确认了吗?

①钢筋混凝土桩(RC 桩);

②预应力高强混凝土桩(PHC 桩);

③离心钢管混凝土桩(SC 桩);

④混合配筋预应力混凝土桩(PRC 桩);

⑤具有扩径截面的高强预应力混凝土桩(ST 桩);

⑥节段高强预应力混凝土管桩。

(3) 安全措施是否万无一失?

在地基施工中,容易发生机器翻倒事故,应采取相应措施避免施工机械倾斜。另外,应采取防止坠落到桩孔的对策,特别是场地浇筑混凝土桩施工方法,随着建设工程的体量增大,大口径桩施工越来越多,需要注意。

(4) 相关影响措施对策万无一失吗?

地基工程一般噪声和振动明显,需要根据相关法律法规申报特定建设作业,并采取降低对周边环境影响的施工措施。

（5）确认了试桩的调查项目和内容了吗？

试桩是为了进一步确定所选桩型的施工可行性而进行的。具体的施工计划、位置和数量按照设计图纸进行，预计试桩值有足够余量时，可将试桩保留为工程桩。场地浇筑混凝土桩试桩施工时的调查项目见表4-1。

表4-1　场地浇筑混凝土桩试桩施工时的调查项目

调查项目		内容
挖掘关系	施工探讨	①挖掘所需时间/②挖掘泥沙量/③挖掘机、起重机、泥水设备、泥水处理装置等各种机械的组合是否合适
	桩的施工情况的讨论	①施工精度（钻孔孔径与孔墙坍塌程度、偏移、倾斜）/②孔内水位波动、孔底冲淤情况研究（特别是全套情况）/③孔底冲淤情况（时间-淤积量）/④土质柱状图或钻孔柱状图与施工深度、排放泥沙对比/⑤周边地基的变化/⑥滑坡处理方法、处理时间
混凝土浇筑关系	钢筋笼的建造	①钢筋笼加工精度/②钢筋笼建造时间、建造方法
	灌注混凝土	①混凝土的配制、现场质量控制方法/②每根桩用量/③灌注速度、灌注时间/④混凝土灌注高度和拉拔高度校核/⑤桩头老化混凝土处理方法、堆高高度的探讨

4.2　现浇混凝土桩(灌注桩)

（1）持力层的土质确认了吗？

持力层应通过土质柱状图和土质资料，与试桩开挖时采集的土质样品进行对比，从视觉、触觉、色调、粒度等方面逐桩确认。确认持力层时的挖掘深度应做好记录，并进一步挖掘至规定的深度。

（2）稳定液的性能确认了吗？

稳定液的作用是防止地基崩塌、防止石灰（挖掘土等）沉降、置换良好的混凝土，有膨润土类和CMC（羧甲基纤维素钠）类两种。注入稳定液体前要进行黏性、比重、pH、过滤水量的试验，以确认性状（参照表4-2）。

表4-2　稳定液的管理标准(例)

项目	允许范围		备注
	下限值	上限值	
黏性	必要黏性	工作液黏性的130%	黏性达到所需黏性以下时，补充新液

项目	允许范围		备注
	下限值	上限值	
比重	标准比重±0.005	1.2	比重小于合适范围时,补充膨润土
过滤水量(cc) 30 min294 kPa	—	20.0 (30)*	过滤时间为 7.5 min 时,为该数字的 1/2
pH	8.0	12.0	根据调配的不同,有时在极限值以上也没关系,可根据黏性过滤试验结果来判定

＊括号内的值表示 CMC 类稳定液的过滤水量允许范围。

（3）桩的垂直精度确认了吗?

①垂直精度 1/100 以内。

②水平偏心不超过桩径的 1/10 且在 10 cm 以内。

③通过超声波成孔检测确认挖掘形状。

（4）灌注混凝土的方法合适吗?

①开始浇筑混凝土时,导管前端距离孔底 20 cm 左右。

②投入隔离胶球防止混凝土分离。

③在浇筑混凝土过程中,为了保证良好的混凝土流动,应将导管插入混凝土面 2 m 以上。

④浇筑过程中要密切注意孔口情况,若发现钢筋笼上浮,应稍作停浇,同时在钢筋笼上面加压重物,在不超过规定的中断时间内继续浇筑;另外,混凝土的顶端高度在钢筋笼的内外尺寸都应符合设计要求。

4.3　预制混凝土桩

（1）接收预制桩材料时检查项目都确认了吗?

桩材在制作工厂检查合格后出厂,现场接收时应确认以下内容:①种类;②直径;③长度;④有无裂纹。

（2）确认桩心位置了吗?

在现有的预制混凝土桩、钢管桩情况下,基础工程多采用多根桩支撑的群桩设计,桩与桩之间相互靠近,临时桩(桩心)设置及确认时需注意。

（3）是否以适合的速度进行钻孔施工?

螺旋钻的提拉速度应根据桩的性能、地质情况确定,如果提拉速度不当,会导致孔墙的负压和积水,从而导致孔墙坍塌,不同地质条件的钻探速度如表4-3所示。

表4-3　地质钻探速度

地质	挖掘速度(m/min)
粉砂、黏土、松散的沙子	2～6
硬黏土、中密砂	1～4
密砂、砂砾	1～3

(4) 打桩过程的施工精度达到要求了吗?

桩的施工精度一般要求水平错位在 $D/4$(D 为桩径),且在 100 mm 以内,铅直精度在 1/100 以内。

①临时桩设置时、挖掘开始时的桩心位置确认。

②挖掘时接地螺旋钻的铅直精度确认。

③桩建造、浇筑时的垂直精度确认。

(5) 支撑层的挖掘深度是否合适?

支撑层的挖掘深度应事先通过土质调查资料或设计图进行确认,并在施工时根据接地螺旋钻驱动电动机的消耗电流值变化、挖掘深度等信息进行判别。

(6) 接头的焊缝确认了吗?

预制混凝土桩、钢管桩存在有焊接接头工艺和无焊接接头工艺之分,都需提前确认焊缝。

第五章 | 地下主体工程

5.1 土方工程

1. 准备工作

（1）在施工之前进行场地平整了吗？

①用地内树木的处置。

②拆除现有建筑物的地基和桩。

③拆除煤气管道、给排水管、埋地电气管道等。

④水池和古井的处置。

需要注意的是，如果现有建筑物的基础和水池拆除后回填不彻底，可能会导致起重机等的倾倒，因此在涉及施工动线的情况下，可能需要改良地基。

（2）土方工程计划是否具有可行性、安全性？环保措施是否得当？

①渣土场内处置。

掌握挖掘土量和回填土量，挖掘土方剩余时，也可以用于场内平整。但必须是优质且容易碾压的"砂质""粉砂质"等土质才可用于场地平整。

②渣土的场外处置。

建筑污泥应妥善处理和利用。

③对周边环境的考虑。

为防止周边道路交通堵塞，须设置车辆引导员；为了不让附着在轮胎上的泥土污染周边道路，要设置冲洗平台和临时水管对进出车辆进行冲洗。

④泥沙稳定性。

泥沙没有崩塌的斜面的倾斜角叫做"稳定角",稳定角的大小由土质性状决定,挖掘时斜面倾角应小于稳定角,见图 5-1。挖掘工作要根据规定的坡度和高度,在确保安全性的情况下进行。

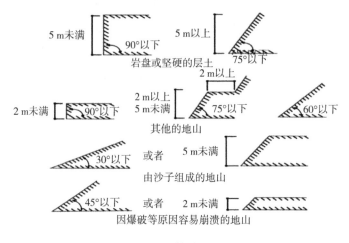

图 5-1 护坡形式

2. 土方开挖工程

(1) 确定了开挖范围吗?

开挖范围需要综合考虑挡土墙、混凝土模板的组装、拆卸等作业后决定。

另外,因为挖掘土的容积会增加,一般常用系数如下:

①基岩:1.3~2.0 倍。

②黏性土:1.2~1.45 倍。

③砂质:1.1~1.2 倍。

(2) 机械挖掘是否做到不扰动底部?

机械开挖至目标标高 30 cm 以上时,为了避免对底部造成扰动,需改为人工开挖。

(3) 回填土的种类和回填施工方法是否合适?

①回填土应采用透水性好的砂质土,可根据需要实施粒度试验等,采用均等系数大的土。具体可参照图 5-2 和表 5-1。

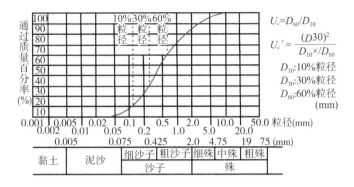

图 5-2　回填土参数图

表 5-1　山砂、河砂及海砂的一般粒度特性

种类	粒度组成	均等系数($U_c = D_{60}/D_{10}$)	备注
山砂	以粗砂为主体，再加上砾石、细砂组成，含有微量石灰和黏土	5~10	如果沙子里混入了砾石和泥沙，得到 $U_c = 20$ 的配合最大的压实密度
河砂	以粗砂或细砂为主体，与山砂相比砾石含量很少，含有微量泥沙和黏土	3~5	
海砂	以细砂为主体，再加上粗砂构成，几乎不含砾石、黏土及粉砂	1~2	

②回填时，对于河砂及透水性好的山砂类，采用边灌水边压实的"水压实"法，对于透水性差的山砂类及黏土质，每回填 30 cm 左右用压路机、夯土机等压实后继续回填。

3．地下水处理方法

地下水处理施工方法分为排水施工方法和止水施工方法。排水施工方法的选定要考虑因抽水引起的地下水位下降对井枯萎和周边地面沉降等的影响，特别是在深基坑施工中需要格外注意，具体流程如下：

排水施工技术选择→重力排水（深井法、明渠暗渠施工技术）、强制排水（井点施工法、真空深井法）止水（隔水）施工技术→含水层固结（冻结施工技术）、止水（隔水）墙［柱列墙施工方法（水泥墙、砂浆柱列墙等）、现浇混凝土墙施工技术、铜制板桩施工方法（铜板、铜管板）、高压喷射施工技术］、气压。

5.2 挡土工程

1. 挡土方案

（1）钻孔调查时是否进行了挡土工程所需的土质试验？

挡土计划所需的基本地基信息如下：

①yr：湿润单位体积重量（湿润密度＝pr）（g/cm^3、t/m^3）；

②c：黏合力（kN/m^2、kgf/cm^2）；

③φ：内部摩擦角（度）；

④N：N值（标准贯入试验中获得的打击次数）；

⑤qu：单轴压缩强度（kN/m^2、kgf/cm^2）；

⑥Es：地基变形系数（kN/m^2、kgf/cm^2）；

⑦k：透水系数（m/min、cm/sec）。

（2）确认了地下水的状态吗？

如果地下水的状态是自由地下水，则地下水压力的变动与水位的变动相关，但是当地下水是受压地下水的情况下，由于地基膨胀和地下水的喷出等原因，有时会损害堆存工程的安全性，所以在预测存在地下水的情况下，需要预先进行现场透水试验。不同地下水状态如图 5-3 所示。

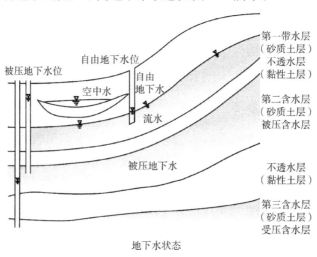

图 5-3　地下水状态

（3）在决定挡土墙的浇筑位置施工方法时，是否掌握了设计图的内容？

根据设计图获取地下主体的形状、尺寸，决定挡土墙的浇筑位置、施工方法。在建筑设计图和结构图中，地下的实际情况可能会有差异，请注意。

（4）确认了相邻结构物的位置、形状、基础形式吗？

如果不是桩基，会影响挡土墙的侧压，开挖有时会导致相邻结构物不同程度的沉降，一定要注意。

（5）施工机械的作业范围是否有障碍物？

一定要确认了解地下情况以及挖掘影响范围；如果是填埋运河遗迹的地方，就可以预测护岸等地下障碍物的存在。

2. 选择挡土施工方法

（1）有没有把握挖掘施工方法的特点并制订计划？

主要挖掘施工方法的特征如表 5-2 所示。

表 5-2　主要挖掘施工方法的特征

施工方法	特征	概念图
大开挖形式	· 在结构物的周围形成斜面进行挖掘； · 占地充裕且没有相邻建筑物； · 因为不需要挡土墙、支架，所以很经济； · 开挖深度较浅（6～10 m 以下），适合良好的地基（氧化铬层等）； · 有地下水时，需要采取相应对策	 坡面
挡土墙施工技术	· 最常见的施工方法，由挡土墙和支护工程构成； · 邻地和地下外墙之间，必须有可供挡土墙施工的间隔； · 自立的情况下，挖掘工程的效率很高； · 挡土墙、支架施工可以采用各种施工方法，可以应对各种地基、施工条件； · 有地下水的情况下也可以采用有防水性的挡土墙施工方法	 横梁 挡土墙

施工方法	特征	概念图
结构切割法	·将建筑物外周部满挖,先行构筑外周部的主体,在外周部主体完成后,将外周部主体代替挡土墙进行内部挖掘; ·适合地基松软、面积较大的情况; ·因为需要双重的挡土墙,所以成本会变高; ·因为工期会变长,所以时间上需要充裕	
逆向施工技术	·一次挖掘后,构筑一层的地面、梁,依次进行挖掘→地下一层地面→挖掘和施工; ·适合在软土地基上大规模开挖; ·因为用刚性高的正式设置的地面结构物按压挡土墙,所以能够抑制挡土墙的变形; ·因为地上层和地下层可以同时施工,所以可以缩短工期	

（2）选择挡土墙施工方法时是否考虑了地基性状和地下水位,以及场地周边环境?

主要挡土墙施工方法的特征如表 5-3 所示。

表5-3　主要挡土墙施工方法的特征

施工方法	特征	概念图
母桩横板桩施工技术	·将 H 型钢等母桩间隔 1 m 左右,边挖掘边在母桩之间插入木矢板; ·作为挡土墙最便宜,工期短; ·因为是单桩,所以即使散布着地下障碍物,也可以避开浇筑。因为没有防水性,所以地下水位高的情况下需要降水施工; ·由于插入了横木,挡土墙背面的地基会松弛	

施工方法	特征	概念图
钢板桩支架施工技术	·一边打击矢制板桩的接头部,一边连续浇筑; ·因为是钢材,所以强度可靠性高,如果接头部的施工可靠的话,防水性也会很好; ·如果不介意噪音大的施工方法,使用打击振动这类作业方法效率较高且较为经济; ·钢板拔出后另作他用可以分摊成本; ·打击施工方法噪音大、振动高,在市区中施工不太适用; ·该方法在砾石层等硬质地基中难以施工	接头部　座椅振动
现浇钢筋混凝土地下连续墙施工技术	·在地基上挖长方形截面的基槽,插入钢筋笼,浇筑混凝土,在土中构筑钢筋混凝土墙; ·低噪音、低振动,可施工; ·刚性高,对周边地基影响小; ·作为挡土墙的可靠性高,防水性好; ·因为是钢筋混凝土构造,所以也可以作为地下外墙和桩使用; ·可调节墙厚、配筋量、强度、刚性自由度高	钢筋　混凝土

3. 挡土墙的施工

（1）挡土墙的位置是否合适?

挡土墙的位置原则上用挡土墙的墙心表示。在墙心线的延长线上放置钢筋、木桩等,贴上水平线。

（2）隔板的置入精度合适吗?

①因为第一根要作为以后钢板桩的基准,所以第一根的建造精度是最重要的,要从两个方向进行确认。

②为保证浇筑位置的准确和钢板桩的稳定性,在施工过程中要将杆尺设置到位,采用垫块防止钢板桩晃动和转动。

（3）水泥土柱列墙施工是否得当?

①为确保止水性,仔细与原位土混合搅拌。

②重点确认水泥液的配方（表5-4）、挖掘搅拌速度、挖掘顺序（图5-4）、应力材料的置入精度。

③地基透水性高、地下水流速快的情况下，要对周边地下水的浊度和碱成分进行水质监测。

表 5-4　水泥液配方的标准

SMW 用土质分类	配比（对象±1 m³）			压缩强度（N/mm²）
	水泥(kg)	膨润土(kg)	水(L)	
黏性土	300～450	5～15	450～900	0.5～1.0
砂质土	200～400	5～20	300～800	0.5～3.0
砂砾土	200～400	5～30	300～800	0.5～3.0
黏土及特殊土	通过室内试验等研究配方			—

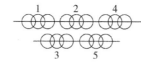

图 5-4　钻井搅拌机施工顺序

4. 挡土支撑

（1）支撑梁上有没有翘曲、起伏？

水平方向、垂直方向都应设置到位，施工时应无间隙地进行接合。特别是在高轴力作用于支撑梁时，水平方向的接合部容易发生弯曲和整体的蛇行，因此优选以±1.0 cm 左右的精度进行设置。日常应通过目视来确认支撑梁设置情况。

（2）支撑梁交叉部的紧固状态是否合适？

如果支撑梁交叉部的紧固连接或支柱对支撑梁的支撑刚性不足，会导致支撑梁的支撑间隔变长，发生压曲，需要注意。

（3）和挡土墙有没有缝隙？

由于横撑均匀地承受来自挡土墙的水平载荷，所以如果挡土墙和横撑之间有间隙，则挡土墙会倒下直到碰到横撑，所以架设时不要留出间隙。具体可参照图 5-5。

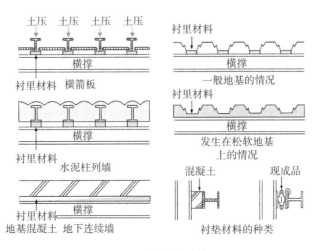

图 5-5　横撑和挡墙

（4）支撑梁拆除时主体强度是否能确保其承受压力？

①如果拆除横撑和支撑梁，地下结构就需要承担所有的侧压。由于挡土墙位移也会导致周边地基下沉，所以要确保地下主体及替换材料的强度和刚性能满足需求。

②如果层高较高，拆除支撑梁可能会对主体造成损伤，或者位于被拆除的支撑梁上段的支撑梁的承重能力不足时，需要采取临时支撑梁换填等处理，或者对外墙进行加固，将挡土墙的变形量控制在较小限制范围内。

5．变形观测

（1）挡土墙是否达到预期的安全状态？

通过测量确认挡土墙的实际安全状态是否符合预期。按各次挖掘阶段进行研究，并做出下一阶段的预测。另外，测量与施工现场相邻的现有结构物及周边地基的变化情况，设置管理基准值，时刻关注其变化情况。具体现象和观测项目如图 5-6 所示。

（2）各测量项目的管理基准值是否设定？

管理基准值可按默认值设定，也可根据工程状况重新确定。通常将设计计算值的 70%～80% 规定为一次基准值，将设计计算值的 100% 规定为二次基准值。测量状况及对策见表 5-5。

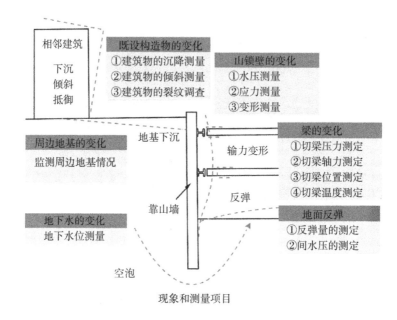

图5-6 现象和观测项目

表5-5 测量状况和对策

阶段	状况	对策
1	实测值≤一次管理基准值	表明安全性没有问题,可以继续施工。
2	一次管理基准值<实测值及预测值≤二次管理基准值	因为实测值和预测值在作为允许值的二次管理基准值以内,表明这个阶段安全性没有问题,但下一阶段的预测很重要。另外,有必要强化增加测量频率等管理体制。
3	一次管理基准值<实测值≤二次管理基准值 预测值≥二次管理基准值	暂时中断工程,研究并协商判断支撑梁设置位置的变更和地基改良等对策。
4	实测值≥二次管理基准值	暂停施工,重新研究对策。采取适当对策后重新开始施工。如果对策工程实施完成之前存在的安全隐患较大,有时也需要进行挖掘内的浇水和泥沙填埋等应急处理。

（3）测量频率是否基于施工进度计划？

测量频率是根据每个测量项目施工进度变化确定的,每个项目都需提前确定该现场的测量频率。具体可参照表5-6。

表 5-6　规划测量频率（单桩示例）

测量项目及所用仪表		初始值	到开挖开始为止的期间	开挖期间	地下主体构筑期间
挡土墙结构	作用于挡土墙的侧压和水压/土压计、水压计	山墙设置前	1次/周	每天(3次/d)	每天(3次/d)
	山墙的变形/固定式倾斜计、插入式倾斜计	切根开始前	1次/周	固定式倾斜计：每日(3次/d)　插入式倾斜计：每个断根阶段一次，预加载前不久	固定式倾斜计：每日(3约)次　插入式倾斜计：支撑梁拆除前不久
	挡山墙应力/钢筋计	切根开始前	1次/周	每天(3次/d)	每天(3次/d)
	支撑梁轴力/应变计	支撑梁设置之前	1次/周	每天(3次/d)	每天(3次/d)
	支撑梁的变形传递/水准仪	刚架设完支撑梁	1次/周	每个开挖阶段一次	支撑梁拆除前后
周边地基和结构物	周边地面沉降测量/水准仪	山墙设置前	初始值设定后，到开挖开始为止进行一次	每个开挖阶段一次	每拆除一次支撑梁
	周边结构物和埋设物下沉测量/水准仪	山墙设置前	初始值设定后，到开挖开始为止进行一次	每个开控阶段一次	每拆除一次支撑梁

即使在拔出挡土桩后充分进行回填，随着时间的推移，周边地基也会下沉，需要注意。另外如果挖掘会对地铁、铁路和高速公路等公共设施产生某些影响，需要在挖掘前与相关部门协商，并签订相关协议书，明确各方的权利义务。

6. 地下水防止对策

(1) 研究过防止塌方的对策了吗？

开挖存在承压地下水的地基时，承压地下水的压力可能会破坏开挖底面，造成整个护坡坍塌，因此必须研究防止塌方的措施。

(2) 研究过防止管涌的对策了吗？

开挖底面为砂质的地基，采用挡土墙隔水开挖时，在开挖内部过程中，当内外水位差达到一定值以上时，会破坏地基，应考虑采取相应措施。

（3）研究过防止倾斜的对策了吗？

开挖软弱黏土层时，由于地基内部摩擦阻力小，上部土压力会引起内部滑坡现象。如果这种状态发展下去，挡土墙背面的土会绕到挖掘面上（在挖掘外侧地基下沉），推起根部底面，挡土墙根部发生移动进而崩溃，因此必须研究防止倾斜对策。

5.3　地库工程

1. 事前讨论事项

（1）为制订施工计划进行事前讨论了吗？

地下主体施工计划制订的事前讨论内容如表5-7所示。

表5-7　地下主体施工计划制订的事前讨论内容

项目	讨论事项
分工	·施工范围与施工数量平衡的探讨 ·投入量(劳务材料)的确认 ·掌握循环工序(作业流程) ·与地面主体工程开工顺序一致性的探讨
施工顺序	·钢结构建造时机的探讨 ·拼箱转换梁必要性的探讨 ·毗邻工区边界工作分区及程序探讨
各工程的搬入动线 和作业区域	·重型机械设置场所和车辆动线的讨论

（2）周围钢柱是否与腹撑或梁发生碰撞？

①外圆钢柱与腹板的碰撞；

②角部钢柱地脚螺栓的紧固空间；

③辅助材料与钢柱支架的碰撞。

（3）支撑梁支护和输入架是否与地下主体发生了碰撞？

①支撑梁与外周墙体、柱体的碰撞；

②地面混凝土直压作业与墩台的碰撞；

③地下主体与墩台加固框架的碰撞；

④墩台与小梁、大梁的碰撞；

⑤墩台与外围梁的碰撞。

2. 地下工程中的临时规划

（1）确认了临时规划的内容吗？

地下工程的临时规划中，在从土方工程向地下主体工程过渡期间，确保构台上的安全性尤为重要。

（2）起重机周围有没有采取禁止进入的措施？

①在起重机等起重机械周围设置路障作为禁止进入作业范围的措施。

②随着挖掘深度的加深，构台和地面作业人员之间的联络会有障碍，因此应在构台上配置联络系统，便于人员之间充分沟通。

（3）工程车辆的配置合适吗？

①地下工程使用的钢结构、钢筋、模板等材料投入时，使用的起重机等应在构台上标记各自配置的位置。

②自卸汽车或物料输入卡车停在斜坡上时，必须在车轮上安装车挡。

（4）安全通道升降设备的配置是否合适？

①确保站台上及用地内有可供工作人员进入的安全通道。例如，在满场地施工挡土墙时，在挡土墙的一侧设置安全通道。

②在地下工程中，每个挖掘阶段都需要向下延伸的升降楼梯，可从构台上设置链式吊装楼梯、超级阶梯等，如图 5-7 所示。

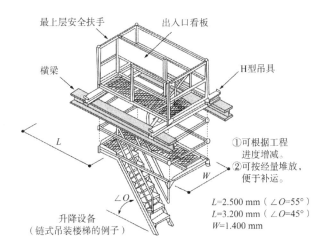

图 5-7　升降设备

（5）排水设备是否齐全？

①为了处理挖掘过程中落入的雨水，需要准备若干数量小型水泵。

②为了土墙边的稳定，须在离土墙边稍远的位置设置临时排水沟。

③用深井排地下水时，不能直接排水，而是用槽口罐使泥沙等沉淀后再排放到下水管中。

（6）闸门周围的安全对策有无漏洞？

①在闸门周围合理配置引导员，避免行人与工程车辆的出入交叉。

②施工车辆出场时，在施工车辆接近闸门前，通过设置在行人可见高度的转向灯示意行人有施工车辆出场。

③场外道路的交通量较大，担心因工程车辆出入而造成交通堵塞时，可计划工程车辆左转出场。

④闸门前如有架空电线，要确认电线是否妨碍工程车辆的出入。

3. 施工管理

（1）桩头吊装时有没有采取降低噪音和防止粉尘飞散的措施？

为了降低吊桩时的噪音，可用隔音板覆盖单管制作的框架，设置在桩头部分进行作业。粉尘飞散可通过洒水来抑制。

（2）大体积混凝土的质量合格吗？

①大体积混凝土应采用混凝土中心区与表面温差不超过 25℃ 的配制方案和浇筑方案。

②不同种类的混凝土在同一部位使用时，为了避免不同种类混凝土接触的部分产生问题，应尽量采用水水泥比（W/C）相同的配制。

（3）地下外墙及排架桩的止水处理是否到位？

地下室外墙混凝土浇筑部位止水板连接的连续性很重要。

第六章	地上主体工程

6.1　钢筋工程

1.钢筋保护层厚度

（1）是否使用（混用）了强度不同的异型钢？

不同种类的异型钢屈服点也不同（见表 6-1），所以要注意。应通过轧制标识确认使用的异型钢是否与设计图书中一致，同时也应通过规格品证明书进行确认。

表 6-1　异型钢的种类和屈服点

区分	种类符号	屈服点或 0.2% 屈服强度（N/mm²）
异型钢	SD295A	295 以上
	SD295B	295～390
	SD345	345～440
	SD390	390～510
	SD490	490～620

（2）确认了保护层的厚度吗？

最小保护层厚度是考虑耐火性和混凝土的中性化而决定的。为了确保这一点，钢筋的加工及组装以考虑施工误差的设计保护层厚度为目标进行。不同部件的最小保护层厚度如表 6-2 所示。

表 6-2　最小保护层厚度　　　　　　　　　　（单位:mm）

部件的种类		短期*1	标准·长期		超长期	
		室内外	室内	室外*2	室内	室外*2
结构部件	柱·梁·承重墙	30	30	40	30	40
	楼板·屋顶板	20	20	30	30	40
非结构部件	要求与结构部件同等耐久性的部件	20	20	30	30	40
	在计划使用期间进行维护的部件	20	20	30	(20)	(30)
直接与土相接的柱、梁、墙、地面及布基的立起部		40				
基础		60				

注:*1 计划使用期限等级为短期时室内外保护层厚度相同。

　　*2 计划使用期限等级为标准、长期及超长期,并且有耐久性有效饰面时,室外的最小保护层厚度可减少 10 mm。

（3）使用的垫片个数是否合适?

钢筋支撑底座的种类及数量配置的标准如表 6-3 所示。

表 6-3　钢筋支撑底座的种类及数量配置的标准

名称	种类	数量或配置
楼板	钢制混凝土制	上端筋:1.3 个/m² 左右 下端筋:1.3 个/m² 左右
梁	钢制混凝土制	间隔:1.5 m 左右 端部:1.5 m 以内
柱	钢制混凝土制	上段:距离梁下 0.5 m 左右 中段:柱脚与上段中间 柱宽方向:1.0 m 以下 2 个,1.0 m 以上 3 个
基础	钢制混凝土制	面积:4 m² 左右 8 个 面积: 16 m² 左右 20 个
基础梁	钢制混凝土制	间隔:1.5 m 左右 端部:1.5 m 以内
墙·地下外墙	钢制混凝土制	上段:距离梁下 0.5 m 左右 中段:距离上段 1.5 m 左右 横向间隔:1.5 m 左右 端部:1.5 m 以内

注:1）梁柱基础梁墙地下外墙,限于侧面采用塑料材质。

　　2）浇筑隔热材料时的垫片应具有相对于支撑重量不会陷入的接触面积。

2. 钢筋加工、搭接

(1) 钢筋端部的折弯形状及尺寸是否合适?

钢筋形状尺寸如表 6-4 所示。

表 6-4　钢筋折弯形状尺寸

图	弯曲的角度	钢筋的种类	钢筋的直径	钢筋的折叠弯曲直径(D)
d / 180° / D / 余长4d以上 / d / 135° / D / 余长 6d以上 / d / 90° / D / 余长 8d 以上	180° 135° 90°	SR235 SR295 SD295A SD295B SD345	Φ16 以下 D16 以下	3d 以上
			Φ18 D28～D40	4d 以上
		SD390	D40 以下	5d 以上
	90°	SD490	D25 以下	
			D28～D40	6d 以上

注:1) d 表示钢筋的直径。
　　2) 在倾斜筋的重叠接头部使用 90°钩时,余长为 12d 以上。
　　3) 在悬臂平板前端、墙筋的自由端侧的前端使用 90°钩或 180°钩时,余长 4d 以上。
　　4) 弯曲直径小于上表数值时,应得到工程管理人员的批准。

(2) 钢筋的加工尺寸是否在允许公差内?

钢筋加工尺寸容许差如表 6-5 所示。

表 6-5　钢筋加工尺寸容许差

项目			符号	容许差(mm)
各加工尺寸	主筋	D25 以下	a、b	±15
		D28 以上 D40 以下	a、b	±20
	螺旋筋		a、b	±5
加工后全长			L	±20

(3) 钢筋搭接接头的长度方法合适吗?

①D35 以上异型钢筋原则上不采用搭接接头。

②钢筋接头图示见图 6-1。直线搭接接头长度 L_1、带钩搭接接头长度 L_1h 见表 6-6、表 6-7。

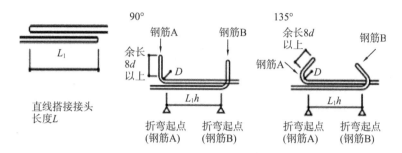

图 6-1　钢筋接头图示

表 6-6　直线搭接接头的长度 L_1

混凝土的设计基准强度 $Fc(N/mm^2)$	SD295A SD295B	SD345	SD390	SD490
18	45d	50d	—	
21	40d	45d	50d	—
24~27	35d	40d	45d	55d
30~36	35d	35d	40d	50d
39~45	30d	35d	40d	45d
48~60	30d	30d	35d	40d

表 6-7　带钩搭接接头的长度 L_1h

混凝土的设计基准强度 $Fc(N/mm^2)$	SD295A SD295B	SD345	SD390	SD490
18	35d	35d	—	
21	30d	30d	35d	—
24~27	25d	30d	35d	40d
30~36	25d	25d	30d	35d
39~45	20d	25d	30d	35d
48~60	20d	20d	25d	30d

注:1) 表中 d 表示钢筋的直径。
　　2) 带钩搭接接头的长度为钢筋折弯起点之间的距离,不包括折弯起点以后的带钩接头长度。
　　3) 直径不同的钢筋相互搭接接头长度,按较细的 d 计算。

3. 气压接头

(1) 气压焊操作者的技能资格确认了吗?

焊接操作人员必须是有技术资格认定的从业人员;技能资格分为一种到四种,分别规定了操作人员可以压接作业的钢筋直径,如表 6-8 所示。

表 6-8　具备手动气压焊接技能资格者的可能范围

技能资格类别	压接作业可能范围	
	钢筋种类	钢筋直径
一种	SR235 SR295 SD295A SD295B SD345 SD390	直径 25 mm 以下名称 D25 以下
二种	SR235 SR295 SD295A SD295B SD345 SD390	直径 32 mm 以下名称 D32 以下
三种	SR235 SR295 SD295A SD295B SD345 SD390 SD490*	直径 38 mm 以下名称 D38 以下
四种	SR235 SR295 SD295A SD295B SD345 SD390 SD490*	直径 50 mm 以下名称 D50 以下

注*：使用 SD490 时，必须进行施工前试验，目视确认这些压接部是否有明显的折弯（2°以上），根据需要使用 SY 量规测量。

　　（2）相邻钢筋的压接位置之间的距离是否在 400 mm 以上，压接钢筋直径差是否在 5 mm 以内（见图 6-2）?

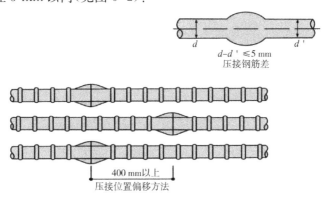

图 6-2　压接方法

　　（3）焊接端面是否平滑，间隙是否在 2 mm 以下?

　　焊接端面的状态对焊接质量有很大的影响，因此焊接端面的处理极其重要，焊接端面不平滑是拉伸试验导致其断裂的主要原因，压接端面的间隙应在 2 mm 以下，如图 6-3 所示。

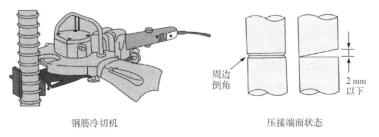

图 6-3　钢筋压接示意

（4）加热器燃烧器是否适合钢筋直径（见图 6-4）？

钢筋直径	环形燃烧器/火口数		角蟹燃烧器/火口数
D18	8 以上		8
D22	8 以上		8
D25	8 以上		8
D28	10 以上		8
D32	10 以上		8

图 6-4　钢筋压接器具

（5）焊接完成后确认了形状吗（见图 6-5）？

凸起直径:1.4 d 以上
凸起长度:1.1 d 以上
压接面的偏差: d/4 以下
轴心的偏心量: d/5 以下
确认是否有明显的裂纹、裂缝、片段、因安装压接器而造成的有害紧固螺栓损伤。

SY规

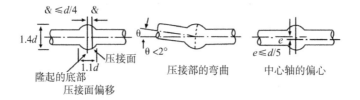

图 6-5　压接形状确认

（6）气体焊接部位进行试验了吗（见表 6-9）？

表 6-9　相关试验

	试验类别	再压接	可靠性	试验数×1.2	试验结果
超声波探伤试验	非破坏	无	取决于测试者的技能	30 个地点/批次	可以马上判定
拉伸试验	破坏试验	有	直接确认质量	3 根/批次	需要时间

4. 机械式接头和焊接接头

（1）机械式接头和焊接接头的种类、施工方法确认了吗？

机械式接头和焊接接头应按照经过性能评价的规定施工。因为各自的特征不同（见表6-10），所以要事先确认使用的部位和施工顺序等。

表6-10　机械式接头和焊接接头的特点

种类	特点
螺纹节钢筋接头	·在机械式接头中最普及 ·接头施工比较容易 ·几乎不受天气影响
填充式接头	·在PC支柱上采用的情况很多
焊接接头	·接头施工由焊接技能人员进行 ·施工后需要通过超声波探伤试验进行检查 ·受天气影响很大

（2）环氧类树脂灌浆工艺所需的保护层厚度确认了吗？

螺纹钢筋接头所用的填料有无机灌浆材料和环氧类树脂灌浆材料。环氧系耐火性差，根据耐火结构的部位，到成色剂的保护层厚度（a）规定为6～8 cm。在不能确保该保护层厚度的情况下，采用无机灌浆施工方法。

（3）成色剂两端是否在钢筋的标记范围内？

钢筋必须在耦合器中插入规定的长度。为了进行确认，事先用夹具等在距离钢筋端部规定长度的位置进行标记，确认耦合器端部位于该标记内。

（4）在螺纹节钢筋接头中，灌浆材料是否从联接器两端漏出？

螺纹节钢筋接头的填充方法是在确认插入长度后，通过钢筋节与联接器之间的间隙注入灌浆材料。当成色剂两端漏出灌浆材料，表示填充完成。

（5）在砂浆填充式接头中，灌浆材料是否从排出口漏出？

砂浆填充式接头中灌浆材料漏出表明填充完成。柱子、墙等部位从下侧注入，将灌浆材料向上推，灌浆材料从上口漏出表示填充完成。

（6）在焊接接头中，焊接时有必要的间隙和工作空间吗？

焊接接头较多的封闭环焊接要在焊接部安装垫铁或接头，用夹具进行电弧焊。另外，需要确保进行焊接作业的空间，特别是接头内的梁下筋等需要事先讨论作业步骤。

5. 基础、基础梁

（1）自桩顶端开始，钢筋保护层厚度是否得到保证？

在桩基施工中，从最高的桩顶端到底筋下端，保证最小保护层厚度达到 60 mm（设计保护层厚度 70 mm）。

（2）讨论了基础梁和桩头加强筋的交接了吗？

地基梁多为粗径钢筋，包括桩头加强筋在内的钢筋根数多。有时钢筋之间会相互影响，导致结构内空间不能满足施工设计要求，所以有必要事先研究包括柱筋在内的空间情况。

①桩头伸出 100 mm 以上，且确保超过桩头钢管卷加强筋焊接长度。

②基础施工范围较小时，要确认桩主筋等是否会从基础露出，是否有保护层厚度。

③如果有钢结构锚杆，很可能会影响钢筋，需要注意。

（3）基础梁的肋筋是否考虑了水平拼接位置？

在基础梁梁筋特别大的情况下，考虑到施工可行性，箍筋分为上下两部分，上下各筋有时作为搭接接头（见图 6-6）。先浇筑的下侧肋筋，需要从水平拼接高度确保接头尺寸达到必要的长度，也需要向结构设计者确认。

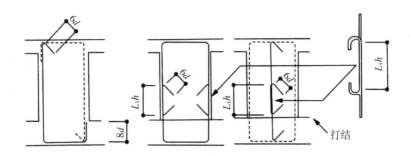

图 6-6　基础梁星形搭接形状

（4）基础梁通孔的位置和加筋是否合适？

①可以设置贯通孔的范围，贯通孔的必要间隔由设计图确认。

②注意不要让基坑的通水管干扰基础梁下端主筋，也不要让主筋覆盖不足。

③人通孔等直径较大的贯通孔中，除了箍筋以外，还会加入很多粗径的

横筋和斜筋作为加强筋,容易产生配筋节点不良和配筋混乱,需要事先确认。对现有钢筋规格的变更须得到结构设计师的批准。

6. 柱

(1) 柱的 X、Y 方向配筋确认了吗?

柱的 X、Y 方向的截面尺寸、主筋直径、根数等存在不同,特别是在建筑物形状比较复杂时,设计图的平面图和柱部件列表的 X、Y 方向纵横颠倒的情况下容易发生错误(见图 6-7)。

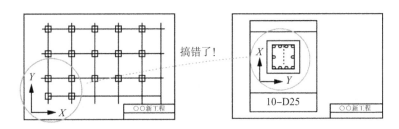

图 6-7　X、Y 方向配筋确认

(2) 接头部的环箍间距合适吗?

接头部的环箍间距有时会为一般部位的 1.5 倍,但对于高度不同的两根梁对接的接头,要确认其范围没有错误(见图 6-8)。

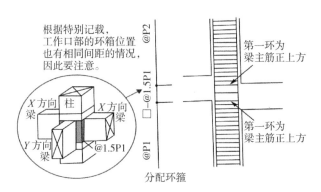

图 6-8　分配环箍

（3）主筋的接头位置、上层的柱根数确认了吗？

①柱接头位置如图 6-9 所示，以接头为基础。在铸件连接的情况下，根据特别记载的规格，需要得到结构设计师的批准。

②上层主筋根数增加时，应从下层开始配筋。

③上层柱子截面变小，尺寸差较大时，应从下层开始应对。

④一般，顶层柱头四角应 180°带钩，确认该带钩与梁筋是否干涉，以免造成收放不良。

⑤顶层梁长度短、顶部柱筋固定长度不足时，应事先向结构设计师确认。

⑥第一箍筋配设在梁下端主筋下、梁上端主筋上。在浇筑混凝土前确认配筋。

7．梁

（1）接头位置确认了吗（见图 6-9）？

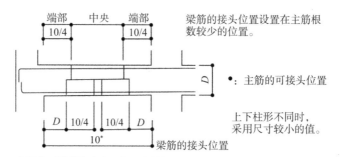

图 6-9　梁筋的接头位置

（2）大梁主筋在柱子上的固定长度合适吗？

大梁主筋的固定长度应填满柱子结构的 3/4 以上，固定长度 L_2h 为从接口面（固定起点）到折弯起始点的距离。

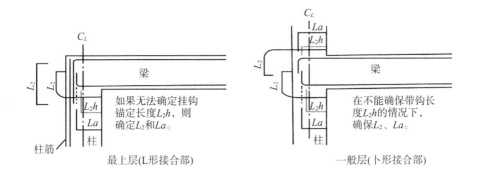

图 6-10　外端部在梁上的固定

（3）钢筋的余长合适吗?

在中央部和端部主筋根数不同的情况下,截止部钢筋余长取 $15d$ 或 $20d$（见图 6-11）。

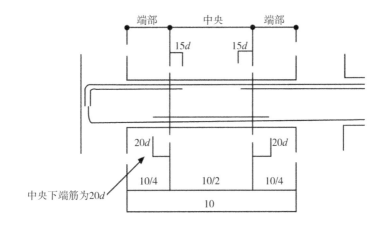

截断长度应根据钢筋直径、混凝土强度而定,要在设计图纸上确认。

图 6-11　梁筋的余长(大梁)

（4）双层钢筋的钢筋配筋合适吗（见图 6-12）？

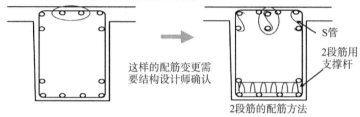

图 6-12　两段筋配筋方法

（5）箍筋形状是否合适？

箍筋形状以图 6-13 中的 A 图为原则，特殊规格应在设计图纸中确认。

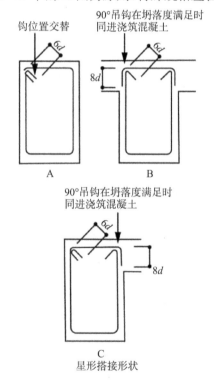

图 6-13　箍筋搭接形状

8. 墙

（1）开口加固及防裂筋是否按照设计图进行施工（见图 6-14）？

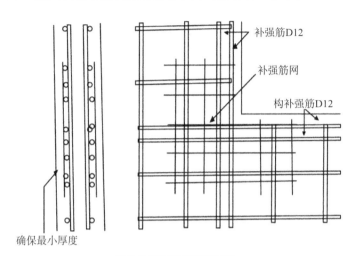

补强筋D12
补强筋网
构补强筋D12

确保最小厚度

基于焊接筋的开口加固(例)

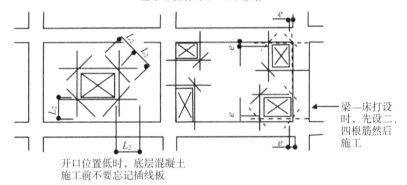

梁—床打设时，先设二、四根筋然后施工

开口位置低时，底层混凝土施工前不要忘记插线板

开口补强筋

图 6-14　加固及防裂筋

（2）收缩接缝的保护层厚度配置是否合适？

纵向收缩接缝设置为间距 3.0 m 左右，结构收缩缝的目的是分离结构体，因此要重点考虑止水。

另外，墙与其他结构部件的配合、构造狭缝等注意事项较多，容易发生裂缝，因此事先确认裂缝加固要领很重要。

6.2 模板工程

1. 模板计划

（1）模板的构成是否符合相关规定？

模板由直接与混凝土接触的板状材料和支架构成。模板支架施工的作业应遵守相关规范规定。

（2）模板材料是否满足设计要求？

模板的材料根据特别说明书的要求来选定，但根据加工和精度要求、使用部位、计划的转用次数的不同也会存在一些变化。一般使用厚度 12 mm 的"混凝土模板用胶合板"。另外，除了胶合板以外，还有钢制类和树脂类模板等。

（3）模板材料的周转计划讨论了吗？

可以根据主体的循环工序，某层或工区使用的柱、墙、梁侧、梁下、地板各自的模板材料接下来可以转用到哪里来决定模板材料的准备量。因此，有必要制订周期工程和支架施工的保留时间等计划。图 6-15 为模板计划示例。

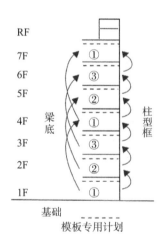

图 6-15　模板计划

（4）模板的拆除时间合适吗？

模板的拆除时间为混凝土抗压强度达到 5 N/mm² 以上时，或根据表 6-11 规定的时间（高强混凝土抗压强度需达到 10 N/mm² 以上才可拆模）。

表 6-11　模板的最短拆除时间

平均温度	水泥的种类	
	早强水泥	普通水泥粉煤灰水泥
20℃以上	2	4
低于 20℃大于 10℃	3	6

混凝土龄期 28 d 以前拆除支架时,应确认现场水下养护或现场封堵养护的试件抗压强度不低于设计标准强度。

2. 模板的组装

(1) 模板尺寸公差是否与主体图一致?
了解不同构件模板尺寸的偏差,在模板下料前进行交底确认。
(2) 测量基准点确认了吗?
① 基准点提取使用同一测量工具,由测量的负责人进行确认。
② 选定基准点时必须反复确认误差,进入主体施工后,基准点是重要管理内容。
(3) 模板的构成在计划书上确认了吗?
① 特别是要按计划确认托梁、支架等的间距。
② 重物临时放置在模板上时,需要考虑加强支架。
垂直负荷的种类见表 6-12。

表 6-12　垂直负荷的种类

载荷类型		载荷值	备注
固定载荷	普通混凝土	24 kN/m³×d	d：构件厚度(m)
	模板重量	0.4 kN/m²	
载重	普通水泥泵施工法	1.5 kN/m²	工作负荷＋冲击负荷

(4) 结构缝(抗震缝)的材料选择是否合适?
① 结构缝(抗震缝)多设置在防火分隔部,此时选择具有耐火性能的结构缝材料。
② 在防雨部等处有从狭缝漏水的危险,应使用对应的止水型狭缝材料。
(5) 是否在模板下部清扫口附近设置了排气孔?
① 在模板最下部设置清扫口,从那里取出垃圾等。特别是楼梯部位容易堆积垃圾,要注意。

②在腰窗下、楼梯、大设备洞口等部位浇筑混凝土时容易出现空洞,应在开口下端等加盖模板上设置排气孔,便于填充混凝土。

6.3 混凝土工程

1.种类

(1)确认混凝土的规格了吗(见表6-13)?

表6-13 混凝土的规格

混凝土的种类	普通混凝土			轻质混凝土	加铺混凝土	高强混凝土	
粗骨料的最大尺寸(mm)	20、25		40	15	20、25、40	20、25	
坍落度(cm)	8、10、12、15、18	21	5、8、10、12、15	8、10、12、15、18、21	2.5、6.5	10、15、18	50、60
强度(N/mm²) 18	○	—	○	○	—	—	—
21	○	○	○	○	—	—	—
24	○	○	○	○	—	—	—
27	○	○	○	○	—	—	—
30	○	○	○	○	—	—	—
33	○	○	—	○	—	—	—
36	○	○	—	○	—	—	—
40	○	○	—	○	—	—	—
42	○	○	—	—	—	—	—
45	○	○	—	—	—	—	—
50	—	—	—	—	—	○	○
55	—	—	—	—	—	—	○
60	—	—	—	—	—	—	○
弯曲4.5	—	—	—	—	○	—	—

（2）混凝土的种类确认了吗（见表 6-14）？

表 6-14　混凝土的种类确认

种类		特征
按使用材料分类	普通混凝土	使用普通骨料的设计基准强度在 36 N/mm² 以下的混凝土。另外,将抗压强度在 27 N/mm² 以上 36 N/mm² 以下的混凝土作为高强度混凝土处理
	轻骨料混凝土	使用轻质骨料的单位容积质量范围为 1.4～2.1 t/m³ 的混凝土。坍落度 20 cm 以上,空气量标准 5.0%,单位水泥量最小值 320 kg/m³,单位水量最大值 185 kg/m³,水水泥比最大值 55%
	使用生态水泥的混凝土	使用规定的普通生态水泥的混凝土
	再生骨料混凝土	骨料全部或部分使用混凝土用再生骨料的混凝土需预拌
按施工条件分类	寒中混凝土	应季日平均气温在 4℃ 以下,或浇筑后 91 天的累计温度在 840℃·d 以下的时期施工的混凝土
	暑中混凝土	日平均气温常年值超过 25℃ 期间施工的混凝土
	流态混凝土	向预先搅拌好的混凝土(基础混凝土)中添加流化剂,使混凝土的坍落度增大。流态混凝土坍落度不超过 21 cm,必须对基础混凝土和流态化混凝土进行质量控制
	大体积混凝土	构件截面的任何一个方向的尺寸不小于 1 m 的混凝土,且由于水泥的水合热引起的温度上升,这类混凝土有可能出现有害裂缝的部分
	水下混凝土	场地浇筑混凝土桩、钢筋混凝土地墙等,可浇筑成稳定液或水下混凝土
按性能分类	高流态混凝土	具有高流动性且不发生材料分离,不进行振动压实也可以填充的、具有自填充性的混凝土
	高强度混凝土	强度超过设计标准 36 N/mm² 的混凝土
按结构分类	预应力混凝土	通过 PC 钢材预先赋予压缩力的混凝土。分为预张紧方法(工厂生产的构件)和后张紧方法(现场浇筑工艺)
	钢管混凝土	将混凝土压入填充或下陷填充到钢管内
	无筋混凝土	未用钢筋加固的混凝土。质量标准强度通常为18 N/mm²

2. 材料

（1）使用的水泥合适吗（见表 6-15）？

表 6-15　各种水泥的特性和主要用途

种类/符号		特征	用途
硅酸盐水泥	普通硅酸盐水泥/P·O	普通水泥	一般的混凝土工程
	早强硅酸盐水泥/R	①比普通水泥强度表达快 ②即使在低温下也能发挥强度 ③水化热大	紧急工程、冬季工程、混凝土制品
	超早强硅酸盐水泥/UH	①比早强水泥出现强度快 ②即使在低温下也能发挥强度 ③水化热大	紧急工程、冬季工程
	中热硅酸盐水泥/P·MH	①水化热比普通水泥小 ②干燥收缩小	大体积混凝土、高流态混凝土、高强混凝土
	低热硅酸盐水泥/P·LH	①初期强度小但长期强度大 ②水化热小 ③干燥收缩小	大体积混凝土、高流态混凝土、高强混凝土
	抗硫酸盐水泥/P·MSR、P·HSR	对海水、温泉附近土壤及污水厂废水中硫酸盐的抗性较大	抗硫酸盐侵蚀的混凝土
高炉水泥	A种/P·S·A	与普通水泥同样性质	和普通水泥一样用途
	B种/P·S·B	①虽然初期强度比普通水泥小,但龄期28天强度相同 ②耐海水腐蚀性、化学抗性大	大体积混凝土、海水、土中及地下结构混凝土
	C种/P·S·C	①初始强度比普通水泥小,但长期强度大 ②水化热比普通水泥小 ③耐海水腐蚀性、化学抗性大	大体积混凝土、海水、土中、地下结构物混凝土
粉煤灰水泥	粉煤灰硅酸盐水泥/P·F	①耐腐蚀性好 ②初始强度比普通水泥小,但长期强度大 ③干燥收缩小 ④水化热小	和普通水泥一样的用途,高质量混凝土,水中混凝土

(2) 骨料的粒径是否符合规定?

①细骨料:全部通过 10 mm 筛,按质量计 85% 以上的骨料通过 5 mm 筛。

②粗骨料:最大粒径砂砾 25 mm 以下,碎石 20 mm 以下。按质量计 85% 以上的骨料停留在 5 mm 筛子上。

骨料占混凝土容积的 70%,对混凝土的质量有很大的影响,因此应选用符合标准中规定的材料。

(3) 混凝土搅拌中使用的水的质量达标吗?

自来水可以不进行试验,但除自来水以外的水,包括河水、湖泊水、井水、地下水、工业用水、回收水等应当进行检测,确保水质符合标准。

(4) 混合材料的选择是否正确(见表 6-16)?

表 6-16　混合材料的种类和特征

种类	特征
粉煤灰	由煤炭火力发电产生,是煤粉的燃烧灰。可以改善混凝土工作性、增进混凝土长期强度、提高混凝土抗渗能力
膨胀材料	具有使混凝土膨胀的作用,用于防止混凝土的干燥收缩裂缝和温度裂缝。有石灰系、铁粉系、石膏系等
高炉矿渣微粉	由高炉炼铁时产生的炉渣制成。可实现耐海水性的提高和长期强度的增进
二氧化硅	制造硅时产生的超微粒子。可增加混凝土的流动性,改善混凝土的性能,提高强度和耐久性

3. 配合比

(1) 在配合比计划之前,确认了设计图的混凝土工程特别记载规格吗(见表 6-17)?

表 6-17　混合料的种类和特征

项目	规定值
单位水量	185 kg/m³ 以下
单位水泥量	最小值为 270 kg/m³
水水泥比	最大值为 65%
空气量	除非另有说明,一般为 4.5%
氯化物量	氯离子(Cl^-)量为 0.30 kg/m³ 以下

注:除普通混凝土以外的混凝土应确认各自的规格、规定,还应在规定值内满足特殊规格的要求事项。不得已使用氯离子(Cl^-)量超过 0.30 kg/m³ 的混凝土时,应另行确认标准。

(2) 配合比计划书的内容是否符合设计要求?

配合比计划书除了公称强度(fn)外,还应记载正式配合比的适用期间、混凝土的浇筑部位、坍落度、空气量、氯化物含量、保证公称强度的龄期、骨料、混合剂、水的区分、单位水量、水胶比等。另外,当混凝土的浇筑层不同,标称强度不同时,或者浇筑时期的预计平均气温引起的结构体强度修正值不同时,应分别制作配合比计划书。确认配合比计划书是否符合设计图和工程计划的要求。

(3) 在试验中,混凝土的质量是否得到了确保?

在试验中,根据设计图的记载事项,确认混凝土的以下参数:①工作性能;②坍落度(允许公差为±1.0 cm);③空气量;④单位容积质量(允许公差为±2.0 cm);⑤试拌温度;⑥氯化物量;⑦抗压强度。

(4) 混凝土坍落度是否在 18 cm 以下?

在能够得到适合作业的工作能力的范围内,坍落度选择尽可能小的值。一般坍落度越大,单位水量、单位水泥量越大,会导致混凝土质量下降。坍落度太小也容易形成损伤,所以要注意。不同混凝土的坍落度标准值见表 6-18。

表 6-18　不同混凝土的坍落度标准值

混凝土的种类	坍落度标准值
一般情况下的混凝土	配制管理强度在 33 N/mm² 以上:21 cm 以下 配制管理强度为 33 N/mm² 未达标:18 cm 以下
流态混凝土	基础混凝土:15 cm 以下 流态混凝土:21 cm 以下
高强混凝土	设计基准强度小于 45 N/mm² 时:21 cm 以下或50cm 以下 设计基准强度在 45 N/mm² 以上、60 N/mm² 以下时:板坯 23 cm 以下或坍落度 60 cm 以下

4. 制造运输

(1) 预拌混凝土从搅拌到浇筑完成是否在 90 min 以内?

混凝土运输时间的限制见表 6-19。

表 6-19　混凝土运输时间的限制

从搅拌到卸货	从搅拌到浇筑结束	
	室外气温	时间
1.5 h*	25℃以上	90 min
	25℃以下	120 min

* 可协商变更时间限度,一般不超过该限度。

在与供料方协商的基础上,可以变更运输时间的限制。一般来说,在炎热的季节里缩短其时间限制比较好。

(2) 确认配制强度了吗?

配制强度用标准养护的试件到一定龄期的强度表示,该龄期原则上为 28 d。应符合以下公式:

$$f \geqslant F_m + 1.73\sigma \qquad (6-1)$$

$$f \geqslant 0.85F_m + 3\sigma \qquad (6-2)$$

其中：f 为混凝土的配制强度（N/mm²）；F_m 为混凝土的配制管理强度（N/mm²）；σ 为所用混凝土压缩强度的标准偏差（N/mm²），采用与实际使用的混凝土条件相近的混凝土标准偏差。

（3）混凝土的杨氏模量（E）确认了吗？

通过试验确认杨氏模量（E）是否为按式（6-3）计算的值的80%以上，不足80%的情况下，有必要考虑变更使用材料。但是，如果有类似材料配方的混凝土杨氏模量的试验结果，则可以省略试验。

$$E = 3.35 \times 10^4 \times \left(\frac{Y}{2.4}\right)^2 \times \left(\frac{\sigma_B}{60}\right)^{\frac{1}{3}} \qquad (6\text{-}3)$$

其中：E 为混凝土杨氏模量（N/mm²）；Y 为混凝土的单位容积质量（t/m³）；σ_B 为混凝土的抗压强度（N/mm²）。

占混凝土体积大部分的粗骨料对混凝土的杨氏模量影响很大。粗骨料会抵抗水泥浆的收缩，但使用杨氏模量小的粗骨料会使混凝土的收缩量变大。

（4）混凝土的干燥收缩率确认了吗？

计划使用期限为长期和超长期的混凝土，通过试验确认干燥收缩率是否在 8×10^{-4} 以下。如果有类似材料配制混凝土杨氏模量的试验结果，可以省略试验。干燥收缩的试验需要 6 个月以上的时间，也有根据早期判定进行确认的方法，但需要早期计划。

（5）允许裂纹宽度是否在 0.3 mm 以下？

如无特殊说明，计划使用期限的长期及超长期的混凝土允许裂缝宽度为0.3 mm。超过 0.3 mm 的裂缝需要适当处理，以免影响混凝土耐久性。从配制阶段到混凝土的浇筑，包括杨氏模量和干燥收缩率在内，都需要注意裂缝的发生及控制。

（6）泵车的选型合适吗？

泵车选择具有超过根据公式 6-4 计算出的压送负荷 P 的 1.25 倍的最大理论排出压力的车种。

$$P = K(L + 3B + 2T + 2F) + WH \times 10^{-3} \qquad (6\text{-}4)$$

其中：P 为施加在混凝土泵上的压送负荷（N/mm²）；K 为水平管管内压力损失 $[(\text{N} \cdot \text{mm}^{-2})/\text{m}]$；$L$ 为直管的长度（m）；B 为通气管长度（m）；T 为锥形管的长度（m）；F 为柔性软管的长度（m）；W 为新鲜混凝土单位容积重量（kN/m³）；H 为压送高度（m）。

5. 浇筑管理(1)

(1) 在预定浇筑日一周前和浇筑相关人员进行了交底吗?

召集浇筑相关人员,说明浇筑的步骤和计划,并对以下事项进行交底确认:

①浇筑场所、浇筑顺序的确认;

②临时浇筑停止高度的确认;

③确认紧固时需要注意的地方;

④确认预计会发生问题的地方;

⑤浇筑中、浇筑后降雨时的应对措施;

⑥浇筑后的养护方法。

(2) 工序计划中是否包含了浇筑前检查?

在浇筑混凝土前要进行钢筋检查、模板检查、设备检查,工程计划应包括质量确认检查的时间。

钢筋检查:钢筋是否按照结构图施工?

模板检查:模板是否按施工方案进行施工?

设备检查:埋地管道及相关设备有无泄漏?

检查流程:劳务公司自检(自检合格表的提交)→施工单位进行检查(检查合格表和实施施工的确认)→设计监理人员进行检查→业主或指定人员进行检查(在特定部位实施)→性能评价机构进行检查。

(3) 浇筑前一天对浇筑相关人员的安排和准备工作进行确认了吗(见表6-20、表6-21)?

表 6-20 向浇筑相关人员确认的事项

确认人员	确认事项
预拌混凝土工厂	①配合,②交货量,③浇筑开始(结束)预定时间,④小时出货量
负责人	①派遣联络员,②预定开始浇筑时间
运输人	①现场到达时间,②泵车台数和作业人员数,③机型和能力
检查人	①预定浇筑开始时刻,②检查项目,③检查次数
建筑工人	①现场到达时间,②工人数,③用具种类和数量,④压实用机器种类和数量
泥瓦匠	①现场到达时间,②加工的种类和数量,③作业工人人数,④用具种类和数量
负责人	①预定浇筑开始时间,②作业人员数

表 6-21　准备工作的确认事项

工程	确认事项
泵送工程	①事前配管(前一天配管),②确保与机种对应的泵车设置场所
临时工程	①平板下照明,②精加工照明,③紧固设备用电源,④拼接材料,⑤混凝土脚手架(通道),⑥防飞散养护,⑦浇筑层部分的竖管加固,⑧联络用充电无线对讲机
浇筑工程	①拆除和清扫残料,②确认模板根周围间隙及扫口堵塞,③确认混凝土顶板标准水平
设备工程	①套筒位置和开口部位置的显示,②浇筑螺栓类的养护
模板工程	①模板支架施工检查,②洞口标识,③工圆弧冲孔,④混凝土天端点五金安装
杂项工程	①浇筑用五金类的安装(排水避难舱口插片搭接、焊接底层五金等),②套筒类及眼棒等的安装

重要检查确认事项应根据需要留下影像记录照片。

6. 浇筑管理(2)

(1) 浇筑前的最终确认,联系了等待发货具体数量吗?

混凝土浇筑日时间表示例见表 6-22。

表 6-22　混凝土浇筑日的时间表(例)

8:00 浇筑前	①晨会、工作人员点名、洽谈
	②确认泵车设置位置
	③浇筑准备结束的确认
	④出货指示
	(等待台数)
8:30 到达时	①预拌厂发票确认(配方、运输时间)
	②验收检查
8:45 浇筑	①浇筑开始指示、浇筑开始、混凝土性能确认
	②浇筑中管理(随时)
11:00 调整	①工程中浇筑剩余量计算
	②浇筑余量调整
13:00 浇筑	
	炎热时,为了不堵塞泵车管道,要进行拼接
15:00 调整	①浇筑余量计算(运输车发货前)

续表

	考虑运输时间以避免浇筑中断
	②浇筑余量调整、指示
16:00	浇筑结束
17:00 结束	清理确认、泵车退场

（2）浇筑当天交货的混凝土质量确认了吗？

接收混凝土时的确认项目见表 6-23。

表 6-23　接收混凝土时的确认项目

项目	时期·次数	试验·检查方法	判定基准
混凝土的状态	·接收时 ·浇筑中随时	目视确认	工作能力好、品质稳定
坍落度试验	·压缩强度试验用试样采集时 ·发现质量变化时	测量混凝土从 30 cm高度下降的值	坍落度：8～18±2.5 cm 坍落度：21±1.5 cm
含气量的测定		一般用空气室压力法等专用容器测量	普通：4.5%±1.5% 轻型：5.0%±1.5%
氯化物量的测定	原则上 1 次/d（可能含有氯化物时，每 150 m³一次）	一般在施工现场使用简易氯离子含量测定仪（坎塔布等）	氯离子量0.30 kg/m³ 以下

注：粗骨料粒径 40 mm 以下的高流动性混凝土、高强混凝土的软度采用坍落度法测定。如果是轻质混凝土，也要确认单位容积质量。

（3）泵送预拌砂浆后是否废弃？

①泵送混凝土前，为了赋予管道内表面润滑性，防止堵塞，应先泵送 0.5～1.0 m³ 的砂浆（需要量为每 100 m 100 L 左右）。如果不进行该操作就直接压送混凝土，不仅质量会下降，堵塞的可能性也会变高。

②预拌砂浆使用质量与混凝土强度同等以上的。

（4）搭接时间间隔是否在混凝土可重振时间以内（见表 6-24）？

表 6-24　重叠时间间隔限度的标准

室外气温	25℃以下	25℃以上
重叠时间	120～150 min	90～120 min

确认先浇入的混凝土的凝结状况很重要。

7. 浇筑管理(3)

(1) 浇筑速度是否在 30 m³/h 以内?

采用泵送法浇筑普通混凝土时,浇筑速度根据浇筑部位的不同而变化,以 30 m³/h 左右为基准。浇筑速度过快会导致压实不良、模板膨胀、碎石、混凝土裂缝等。

(2) 是否根据每台泵车的浇筑量确定该泵车的浇筑区域?

①1 d 内可以完成的浇筑量会因为浇筑部位、浇筑速度、作业时间等而受到影响。为了确保进度,制订合理的浇筑计划是必要的。

②混凝土浇筑量大,1 d 内无法完成浇筑时,应在适当部位浇筑补丁进行施工分区。

③浇筑速度过快会导致空气卷入预拌混凝土造成压实不足。

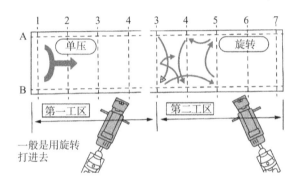

图 6-16　浇筑区域

(3) 人员配置是否到位? 各方人员对浇筑顺序及各自的分工是否明确?

①通过事前交底,了解混凝土的浇筑顺序、分工配合。

②为了避免作业混乱,在利用无线对讲机确认上下层作业情况的同时,也可以在上下层的各柱子上安装指示浇筑顺序的标识板。

人员配置:指挥 1 名、质量经理 1 名、工程负责人 1 名。

混凝土工:洒水安排 1 名、巩固 3 名、模板敲击 3 名、收拾 1 名、泵送工 3 名、模板工 1 名、钢筋工 1 名、设备工 1 名、电工 1 名,如图 6-17 所示为部分人员配置。

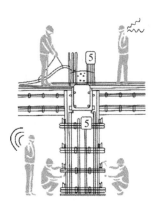

图 6-17　人员配置

（4）混凝土拼接的位置是否合适（见表 6-25）？

表 6-25　拼接位置

部位	水平拼接	垂直拼接		
	柱子、墙	板坯	大梁	地中梁
位置	楼板上端或梁的下端	跨度（梁内法）1/4 的位置	中间部分	中间部分
备注	由于施工上的理由，多为楼板顶端	也可以在跨距中间部分	由于施工上的理由，大多位于 1/4 的位置	基础梁不加地板的独立基础时，位于墩（柱内法）1/4 的位置

（5）拼接部位的阻力消除了吗？

①事先用高压清洗机或金属刷去除混凝土拼接部位的波纹。

②模板建造后滞留在接头部的木屑等，用吸尘器或水洗等方法从模板的清扫口去除。

（6）浇筑开始前有没有向干燥的模板洒水？

浇筑混凝土时如果模板表面是干燥的，混凝土中的水分会被模板吸收，糊料部分附着在模板上，模板脱模时混凝土表面会剥离，如图 6-18 所示。为了防止这种情况，应在浇筑混凝土前向模板洒水，使模板表面湿润。

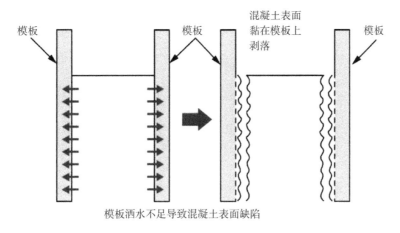

模板洒水不足导致混凝土表面缺陷

图 6-18　模板洒水不足

8. 浇筑管理(4)

（1）柱的浇筑步骤分为先梁下后梁上吗？

①柱的浇筑顺序是浇筑到梁下，经过 1～2 h 等待预拌混凝土下沉后，再浇筑其上部。

②一次浇筑的话，梁下附近容易因下沉收缩而产生裂纹，如图 6-19 所示。另外，柱高度超过 3 m 的情况下，要进行分段浇筑。

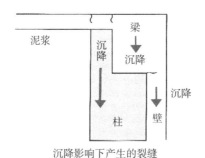

沉降影响下产生的裂缝

图 6-19　沉降裂缝

（2）模板的敲击充分吗？

①在浇筑下部敲击模板，目的是促进混凝土的流动、排出被卷入的空气、确认填充情况等。应从下往上敲以驱赶空气，如图 6-20 所示。

②敲击过多会导致气泡集中、模板膨胀、空洞等不良情况，请务必注意。

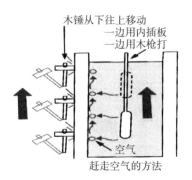

图 6-20　模板敲击

（3）振动妥当了吗？

①使用振动器的目的是使混凝土更密实，如图 6-21 所示。

②如果钢筋很密，很难用振捣棒进行压实，也可以用传统的竹子进行振捣。

③对板坯进行敲击时，剩余水等会被赶出，对防止裂纹产生很有效。

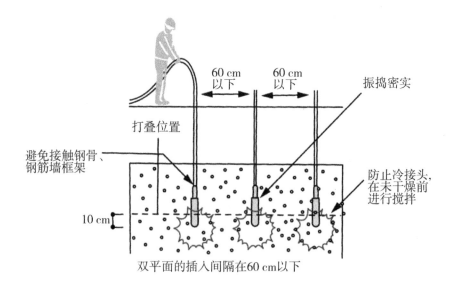

图 6-21　振动器使用方法

（4）结构缝（抗震缝）构件有无弯曲等问题？

①结构缝（抗震缝）由模板和钢筋等支撑，但如果正常浇筑混凝土，不考

虑措施,有时会发生弯曲等问题。

②结构缝(抗震缝)部位应从两侧均匀浇筑混凝土,防止弯曲等问题产生。浇筑前应明确结构缝(抗震缝)的位置。

(5)腰墙有没有空洞?

①由于腰墙容易出现空洞,可以在腰墙部位的模板上设置排气装置,从排气装置中排出空气,并用木锤等敲击模板确认填充情况。

②腰墙空洞较大难以填充时,事先在腰墙上设置浇筑口进行浇筑。

(6)SRC 钢结构梁下混凝土有无空洞?

钢结构的梁下部有时会出现空洞。可从一侧浇筑预拌混凝土,确认另一侧的吹风情况,再用振动器填充,如图 6-22 所示。

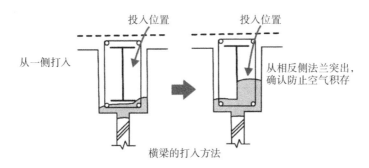

图 6-22　横梁打入

9. 混凝土成型(1)

(1)湿润养护期是否不少于 5 d,抗压强度是否不少于 10 N/mm²?

①浇筑后要保持混凝土表面湿润,防止干燥收缩产生裂缝。防止混凝土表面干燥有洒水、养护垫铺、喷洒养护剂等方法。不同种类水泥制成的混凝土的湿润养护期如表 6-26 所示。

②在高温、强风、受阳光直射等条件下,混凝土容易出现初期干燥裂纹。冬季养护期间,混凝土温度应保持在 2℃以上,通过保温取暖等方式防止混凝土冻结。

表 6-26 湿润养护期

		水泥种类			
计划提供使用期限的等级		早强硅酸盐水泥	普通硅酸盐水泥	中热硅酸盐水泥	低热硅酸盐水泥、高炉水泥B种、粉煤灰水泥B种
短期和标准	期间	3 d以上	5 d以上	7 d以上	
	抗压强度(N/mm²)	10 以上		10 以上	—
长期和超长期	期间	5 d以上	7 d以上	10 d以上	
	抗压强度(N/mm²)	15 以上		15 以上	—

(2) 结构体混凝土的抗压强度合格吗?

①使用的混凝土抗压强度的判定标准如果确保了指定的公称强度就合格了。

②结构体混凝土抗压强度的判定标准如表 6-27 所示。

表 6-27 结构体混凝土抗压强度的判定标准

混凝土试块的养护方法	试验材料龄期	判定标准
标准养护	m日(原则 28 d)	$X \geqslant F_m$
核心	n日(原则 91 d)	$X \geqslant F_q$

X:通过 1 次试验得到 3 个混凝土试块的抗压强度的平均值(N/mm²);
F_m:混凝土的配制管理强度(N/mm²);
F_q:混凝土质量标准强度(N/mm²)。

现场水中养护时,龄期前 28 d 平均气温在 20℃以上的判定标准为 $X \geqslant F_m$,低于 20℃的情况满足 $X-3 \geqslant F_q$ 即为合格。

(3) 冷缝的修补方法合适吗(见表 6-28)?

表 6-28 冷缝劣化情况及修补方法

劣化状况	修补方法
没有发现缝隙	涂聚合物水泥砂浆

10. 混凝土成型(2)

(1) 推测了裂缝的产生原因吗?

为了判断是否需要进行裂缝修复以及采取何种修复方法,需要先推测裂缝的产生原因。裂缝的主要产生原因如下:

①材料:干燥收缩、水泥水化热、渗色等;

②施工:快速浇筑、压实不足、急剧干燥等;

③环境:环境温度(太阳辐射热等)、构件两面的温度差等;

④结构:长期荷载、短期荷载(如地震)、不同沉降等。

(2) 判定裂缝是否需要修补?

判定标准见表 6-29。

表 6-29　裂缝修补的判定标准

其他因素 *1 区分		从耐久性来看			从防水性来看
		环境 *2			
		严厉	中间	平缓	
需要修补的裂缝宽度(mm)	大	0.4 以上	0.4 以上	0.6 以上	0.2 以上
	中	0.4 以上	0.6 以上	0.8 以上	0.2 以上
	小	0.6 以上	0.8 以上	1.0 以上	0.2 以上
不需要修补的裂缝宽度(mm)	大	0.1 以下	0.2 以下	0.2 以下	0.05 以下
	中	0.1 以下	0.2 以下	0.3 以下	0.05 以下
	小	0.2 以下	0.3 以下	0.3 以下	0.05 以下

　*1 其他因素(大中小)表示裂缝对混凝土高层建筑物耐久性及防水性的有害程度,综合裂缝深度模式、保护层厚度、混凝土表面有无覆盖、材料配制、浇筑等因素的影响来确定。

　*2 主要是从钢筋铸造发生条件的角度来看的环境条件。

(3) 选择的裂缝修补方法合适吗(参照表 6-30)?

表 6-30　裂缝修补要领

判断标准	概念图	裂缝部位大小	修补方法
主要宽度 0.5~1.0 mm 以上裂纹	聚合物水泥砂浆 U形切口 10 10 15 密封材料 填充施工法 (密封材料的情况)	小	·填充可挠性环氧树脂或聚合物水泥砂浆等
		大	·填充密封材料后,在表面涂布聚合物水泥砂浆

(4) 目视检查中有没有发现保护层厚度不足的地方?

应在拆除模板后通过目视检查结构混凝土保护层厚度,在对保护层厚度有疑问时,可进行保护层厚度的无损检测。无损检测不合格的,需要通过有损检测进一步确认。

（5）无损检测的方法确认了吗？

①可采用电磁感应法测定混凝土中钢筋的位置，实现无损检测。

②根据施工图，从同一浇筑日、同一浇筑工区的柱、梁、楼板或屋顶板中，分别选择 10% 的保护层厚度可能不合格的构件，对可测量面分别测量 10 根以上钢筋的保护层厚度。测量结果有疑问时，通过破坏检查（钻头钻孔等方法）进行进一步确认。保护层厚度判定标准如表 6-31 所示。

表 6-31　保护层厚度的判定标准

项目	判定标准
测量值与最小保护层厚度的关系	$x \geqslant C_{min} - 10 \text{ mm}$
不良率（相对于最小保护层厚度）	$P(x < C_{min}) \leqslant 0.15$
测量结果的平均值范围	$C_{min} \leqslant \overline{x} \leqslant C_d + 20 \text{ mm}$

x：各个测量值(mm)　　　　　　　C_d：设计保护层厚度(mm)

$\overline{x}$：测量值的平均值(mm)　　　　$P(x < C_{min})$：测量值低于 C_{min} 的概率(不良率)

C_{min}：最小保护层厚度(mm)

第七章 | 室内装饰工程

7.1 防水工程

7.1.1 卫生间厨房防水工程

室内防水作为交付最重要的质量指标,需要制定专项方案,进行专项把控,确保交付时零渗漏。

1. 作业条件

1)卫生间等有防水要求的部位应进行至少三次蓄水试验:第一次结构地面蓄水试验由土建总包负责进行;第二次由精装单位在防水层完成后进行蓄水试验;第三次待面层施工完毕后对淋浴房区域单独进行蓄水试验。

2)每次蓄水试验的蓄水时间不少于 24 h。

3)土建交接验收,结构楼板无渗漏;与室内交接墙体底部 250 mm 高的结构导墙已完成。

4)安装隐蔽工程及管线敷设已完成。

5)下层楼板吊顶吊筋及设施、设备支架施工全部完成。

6)结构表面干燥、不空鼓、不起砂,达到一定强度。

7)淋浴间挡水条、翻梁在结构面上已完成。

8)施工时环境温度在 5℃以上。

2. 材料选用

综合考虑地面防水的施工难度、耐久性、可操作性及可检查性,宜选用单组分聚氨酯防水涂料作为地面防水材料;考虑到防水层与面层材料的黏结性,墙面宜选用聚合物水泥基防水涂料。

3. 施工工艺流程

1) 施工流程

基层清理→涂刷防水涂膜→保护层。

2) 基层清理

将基层表面的尘土、沙粒、浮浆、硬块等附着物清理干净,地面局部破损处进行找平修补。

3) 涂膜防水层施工

(1) 地面(涂膜防水层分 2~3 遍成活)

细部附加层施工:对上下水管井混凝土翻边(蜂窝、麻面等)用堵漏王进行修补,待干后,对防水薄弱部位进行加强处理,必要时在基层面上加铺无纺布。

涂刮第一遍涂膜防水层:用橡胶刮板将单组分聚氨酯防水涂料在基层表面满刮一遍,涂刮要均匀一致、不露底。涂刮量以 0.6~0.8 kg/m² 为宜。

涂刮第二遍涂膜防水层:在第一遍涂膜防水层固化干燥后(4 h),进行第二遍涂刮,涂刮方向应与第一遍的涂刮方向在平面上相垂直,涂刮均匀。涂刮量与第一遍相同。

涂刮第三遍涂膜防水层:第二遍涂膜防水层固化干燥后,进行第三遍涂刮。涂刮方法及涂刮方向与第一遍相同。

涂刮完成后应确保涂层达到相关品牌防水材料指定厚度。

稀撒粗砂:在最后一遍涂膜防水层涂刮完成后,随即在表面稀撒干净、干燥的粗砂,砂粒黏结固化后,形成粗糙表面,增加保护层的黏结力。

(2) 墙面(涂膜防水层分 2~3 遍成活)

渗透剂涂布:按原液:水=1:19 的比例充分搅拌混合,用毛刷或滚筒蘸取渗透剂均匀涂布到防水面上,保养 0.5~3 h,达到进一步清理基面、修复细小裂缝的作用,使防水层与基面结合得更紧密。

细部附加层施工:穿墙管与墙面阴阳角部位用原液:混合材=1:3 的比

例进行嵌缝加强处理,保养 6~12 h。

防水层涂布:第一遍用原液:混合材=1:1的比例充分搅拌混合后的防水材料,先用泥刀涂装再用刷子按8字形自上而下涂刷;第二遍用同样配比的防水材料进行涂刷,涂刷方向与第一遍涂刷方向垂直,确保纵横均匀涂刷。

防水层总厚度达到相关品牌防水材料指定厚度即可。

4)闭水试验

待防水层完全干后(涂刷后 10 h)进行 24 h 闭水试验,确认不漏水后,对防水层进行有效保护,方可进行下道工序。待所有装饰面层完工后对淋浴房区域再做一次闭水试验,蓄水时间也为 24 h。

5)防水保护层

地面闭水试验完成后,抹 1:2 的水泥砂浆作为保护层,厚度以 20 mm 为宜。

4. 质量标准

1)主控项目

(1)涂膜防水产品的品种、牌号及配合比,必须符合工程要求和有关规范要求,每批产品应附有出厂合格证。

(2)不得出现空鼓、开裂、气泡、褶皱,黏结牢固。

(3)墙面涂膜配合比准确,搅拌均匀。

(4)卫生间湿区(如沐浴房、浴缸)的墙面防水高度不低于 2 000 mm;干区的墙面防水高度不低于 500 mm,且高于该区域所有给水点位置100 mm;台盆位防水高度不低于 1 400 mm。

2)一般项目

(1)涂刷方法、搭接、收头应符合施工规范要求。

(2)涂膜防水层应涂刷均匀,不能有损伤、厚度不均匀等缺陷。

5. 成品保护

1)已涂刷完成的涂膜防水层,应及时采取保护措施,不得损坏。如在防水层上施工,操作人员应穿软质胶底鞋;如在防水层上搭设临时扶梯、架子等工具时,工具的落脚处应用皮质材料包裹或加铺板材。

2)涂膜防水层施工完成后,须对该区域进行封闭,任何作业人员不得进入。待完全凝固后,即可做防水砂浆保护层。

6. 示意节点做法

1）厨卫门套基层根部施工示意图

项目名称	防水工程	名称	厨卫门套基层根部施工示意图
适用范围	卫生间、厨房	备注	通用

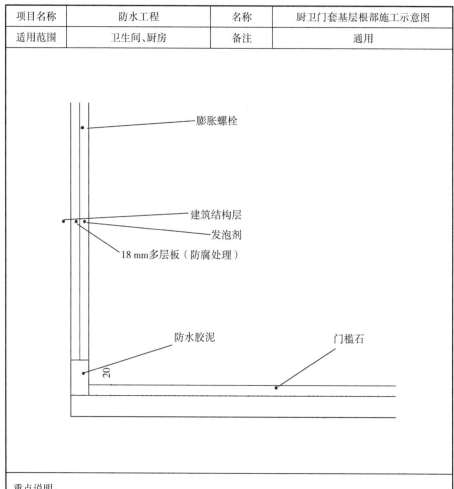

重点说明：
卫生间、厨房间门框基层板根部离门槛石面留缝约 20 mm，根部用柔性防水胶泥（或油膏）填实，以防止水汽渗入门框内引起油漆饰面变形发霉。
门框木质基层需进行三防处理（防火、防腐、防潮）。

2）同层排水卫生间地面防水施工示意图（石材或瓷砖）

项目名称	防水工程	名称	同层排水卫生间地面防水施工示意图
适用范围	卫生间	备注	有同层排水

石材或瓷砖
水泥砂浆层
防水层
细石混凝土浇捣
Φ4冷段钢@100*100
陶粒混凝土/发泡混凝土
防水保护层
防水层

门套
装饰完成面
细石混凝土止水条

装饰完成面
卧室

卫生间

建筑结构层

排污管水泥砂浆固定

重点说明：
沉降池板侧壁，在防水施工前对预留孔洞与管道周边的密封采用油膏进行封堵。
淋浴房、浴缸对应部位的地面增设结构地漏，防止沉降池内积水。
原建筑结构面需进行防水处理，并做楼地面蓄水试验。
排污管定位后用水泥砂浆固定，用陶粒混凝土/发泡混凝土填层，上部需浇捣钢筋砼楼板，四周用圆钢植筋，再进行统一墙地面防水处理。
注：同层排水的降板防水工艺施工较为困难，建议在第一层防水施工验收后再进行排水管线的安装，安装时不能用吊杆及管卡固定管线，防止打穿防水层，可用水泥砂浆做支架固定。

3）卫生间地面防水构造示意图

项目名称	防水工程	名称	卫生间地面防水构造示意图
适用范围	卫生间	备注	有地暖

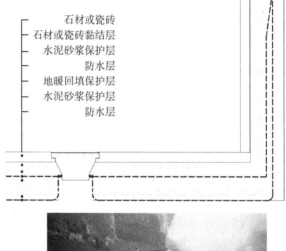

石材或瓷砖
石材或瓷砖黏结层
水泥砂浆保护层
防水层
地暖回填保护层
水泥砂浆保护层
防水层

地暖管翻越淋浴房翻边做法

重点说明：
有地热的线缆、水管进入淋浴区，不得从地面敷管，要求从墙面进入淋浴区，保证淋浴防水挡边的完整性；地暖原则上不进淋浴房，任何管线不应穿过防水翻边和挡水条。

4）淋浴房防水盆施工示意图

项目名称	防水工程	名称	淋浴房防水盆施工示意图
适用范围	卫生间	备注	

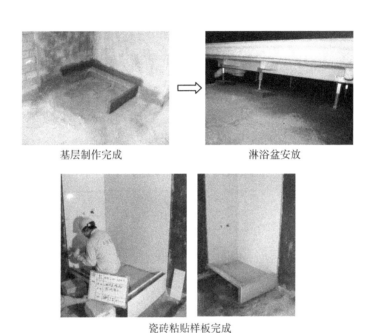

基层制作完成　　　　　　　　　　淋浴盆安放

瓷砖粘贴样板完成

重点说明：
墙面须 1∶2 水泥砂浆抹灰，底部预留盆高，槽下口应外低内高。
整体防水完成后，淋浴盆固定必须牢固、不晃动位移。
淋浴盆固定后与墙面凹槽处须做加强防水。
在户型优化阶段需考虑防水盆定制淋浴房尺寸的统一性问题；当卫生间降板达到 80 mm 或为同层排水卫生间时，可使用防水盆。

5）卫生间门槛石翻边施工示意图

项目名称	防水工程	名称	卫生间门槛石翻边施工示意图
适用范围	卫生间、厨房	备注	通用

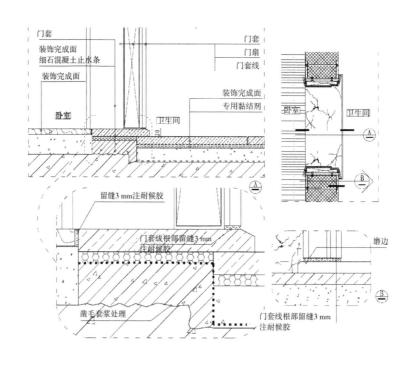

重点说明：

卫生间（设计有高差要求）门槛石基层必须设止水带，采用细石砼浇筑而成，止水带下需凿毛套浆处理，并与地面做统一防水。止水带标高应低于非防水区域地面完成面约 30 mm，门槛石用专用黏结剂铺贴。

卫生间门框基层板根部离门槛石面留缝约 20 mm，根部用防水胶泥填实，以防止水汽渗入门框内引起油漆饰面变形发霉。

门框木质基层需进行三防处理（防火、防腐、防潮）。

卫生间完成面应低于外部 20 mm。

6）卫生间淋浴房翻边施工示意图 01

项目名称	防水工程	名称	卫生间淋浴房翻边施工示意图 01
适用范围	卫生间	备注	通用

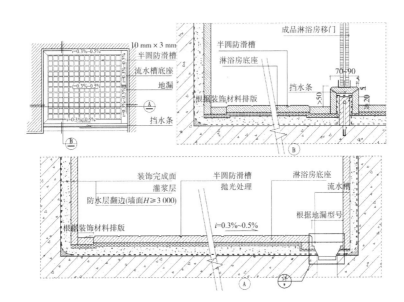

重点说明：

采用 Φ6 圆钢专用植筋胶固定钢筋,竖向筋间距不得大于 300 mm 设一道。

浇筑翻边前应进行基层清理,将砼结构楼板凿毛并套素水泥浆一道。

淋浴房地面铺贴完成经第三次蓄水试验后,完成面内外阴角处用环氧树脂胶或塑钢土、彩瓷泥等材料做加强防水处理。

淋浴房混凝土翻边高度需高于卫生间地面完成面 20 mm 以上。

有地热的线缆、水管进入淋浴区,不得从地面敷管,要求从墙面进入淋浴区,保证淋浴防水挡边的完整性;地暖原则上不进淋浴房,任何管线不许穿过防水翻边。

淋浴间内净空单边不大于 1 050 mm 的淋浴房,不得做内开门。

卫生间淋浴间内有地暖设置的,建议增加双地漏做法,卫生间、淋浴间防水在结构楼板上进行施工。

7）卫生间淋浴房翻边施工示意图 02

项目名称	防水工程	名称	卫生间淋浴房翻边施工示意图 02
适用范围	卫生间	备注	通用

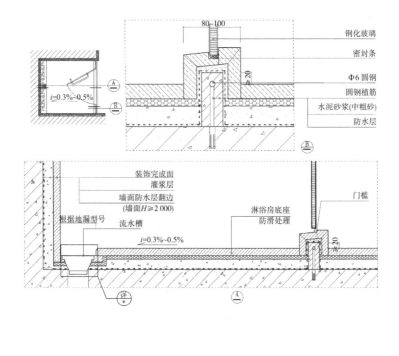

重点说明：
采用 Φ6 圆钢专用植筋胶固定钢筋，竖向筋间距不得大于 300 mm 设一道。
浇筑翻边前应进行基层清理，将砼结构楼板凿毛并套素水泥浆一道。
淋浴房地面铺贴完成经第三次蓄水试验后，阴角处用环氧树脂胶或塑钢土、彩瓷泥等材料做加强防水处理。
淋浴房混凝土翻边高度需高于卫生间地面完成面 20 mm 以上。
有地热的线缆、水管进入淋浴区，不得从地面敷管，要求从墙面进入淋浴区，保证淋浴防水挡边的完整性；地暖原则上不进淋浴房，任何管线不许穿越防水翻边。
淋浴间内净空单边不大于 1 050 mm 的淋浴房，不得做内开门。
卫生间淋浴间内有地暖设置的，建议增加双地漏做法，卫生间、淋浴间防水在结构楼板上进行施工。

8）浴缸防水节点施工示意图

项目名称	防水工程	名称	浴缸防水节点施工示意图
适用范围	带浴缸的卫生间	备注	通用

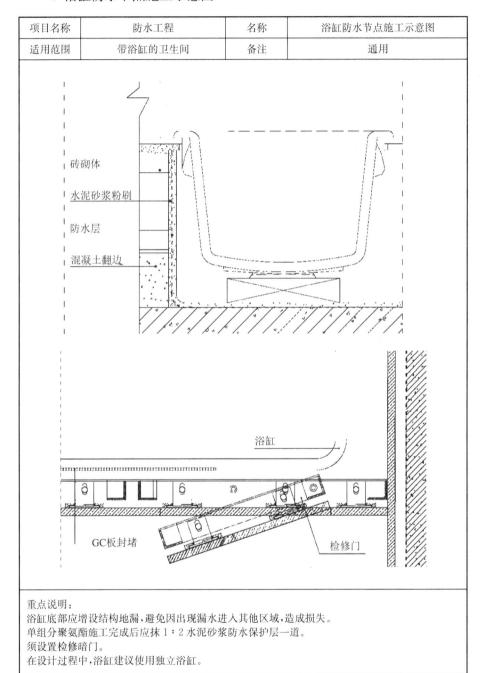

重点说明：
浴缸底部应增设结构地漏，避免因出现漏水进入其他区域，造成损失。
单组分聚氨酯施工完成后应抹1：2水泥砂浆防水保护层一道。
须设置检修暗门。
在设计过程中，浴缸建议使用独立浴缸。

7.1.2　阳露台防水工程

1. 作业条件

1）土建交接验收，结构楼板无渗漏；与室内交接墙体底部 250 mm 高的翻边已完成。

2）安装隐蔽工程及管线敷设已完成。

3）下层吊顶吊筋施工已完成。

4）结构表面干燥、不空鼓、不起砂，达到一定强度。

5）施工时环境温度在5℃以上。

2. 材料准备

综合考虑阳台（含设备阳台）和露台地面防水的施工难度、耐久性、可操作性及可检查性，选用单组分聚氨酯作为防水涂料进行施工，符合国家环保和检测标准。

3. 施工工艺流程

1）施工流程

基层清理→涂刷防水涂膜→保护层。

2）基层清理

将基层表面的尘土、沙粒、砂浆、硬块等附着物清理干净，对破损地面处进行找平修补。

3）涂膜防水层施工

注：分2~3遍成活。

细部附加层施工：对上下水管井混凝土翻边（蜂窝、麻面等）用堵漏王进行修补，待干后，对防水薄弱部位进行加强处理，必要时在基层面上加铺无纺布。

涂刮第一遍涂膜防水层：用橡胶刮板将单组分聚氨酯防水涂料在基层表面满刮一遍，涂刮要均匀一致、不露底。涂刮量以 0.6~0.8 kg/m² 为宜。

涂刮第二遍涂膜防水层：在第一遍涂膜防水层固化干燥后（4 h），进行第二遍涂刮，涂刮方向应与第一遍的涂刮方向在平面上相垂直，涂刮均匀。涂刮量与第一遍相同。

涂刮第三遍涂膜防水层:第二遍涂膜防水层固化干燥后,进行第三遍涂刮。涂刮方法及涂刮方向与第一遍相同。

涂刮完成后确保涂层达到相关品牌防水材料指定厚度。

稀撒砂粒:在最后一遍涂膜防水层涂刮完成后,随即在表面稀撒干净、干燥的粗砂,砂粒黏结固化后,形成粗糙表面,增加保护层的黏结力。

4)闭水试验

待防水层完全干后(涂刷后 10 h)进行 24 h 闭水试验,确认不漏水后,对防水层进行有效保护,方可进行下道工序。待所有装饰面层完工后再做一次闭水试验,蓄水时间也为 24 h。

5)防水保护层

地面闭水试验完成后,抹 1∶2 的水泥砂浆作为保护层,厚度以 20 mm 为宜。

4.质量标准

1)主控项目

(1)涂膜防水产品的品种、牌号及配合比,必须符合工程要求和有关规范要求,每批产品应附有出厂合格证。

(2)不允许出现空鼓、开裂、气泡、褶皱,黏结牢固。

2)一般项目

(1)涂刷方法、搭接、收头应符合施工规范要求。

(2)涂膜防水层应涂刷均匀,不能有损伤、厚度不均匀等缺陷。

5.成品保护

1)已涂刷好的涂膜防水层,应及时采取保护措施,不得损坏。如在防水层上施工,操作人员应穿软质胶底鞋;如在防水层上搭设临时扶梯、架子等工具时,工具的落脚处应用皮质材料包裹或加铺板材。

2)涂膜防水层施工完成后,须对该区域进行封闭,待凝固后,即可做防水砂浆保护层。

6．示意节点做法

1）阳台地面与栏杆、栏板防水节点施工示意图

项目名称	防水工程	名称	阳台地面与栏杆、栏板防水节点施工示意图
适用范围	阳台露台	备注	通用

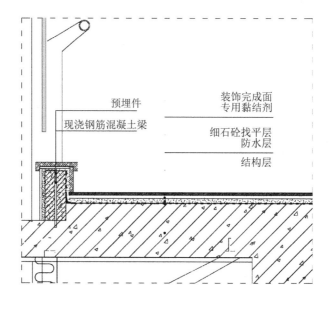

预埋件

现浇钢筋混凝土梁

装饰完成面
专用黏结剂

细石砼找平层
防水层

结构层

重点说明：
玻璃栏板下槛采用1：2水泥砂浆掺JSJ聚合物防水砂浆胶乳形成止水带（聚合物防水砂浆配合比为水泥：砂：JSJ聚合物胶乳：水＝1：2：0.2：适量水）。

2）阳台与铝合金门窗底部混凝土翻边施工示意图

项目名称	防水工程	名称	阳台与铝合金门窗底部混凝土翻边施工示意图
适用范围	阳台露台	备注	通用

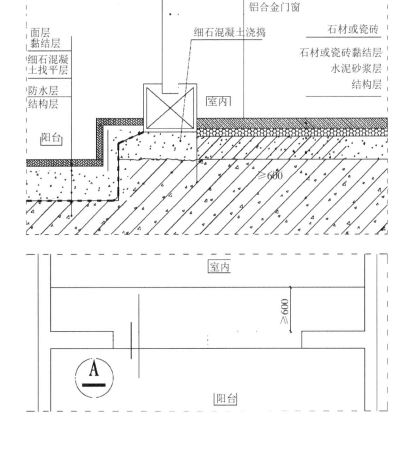

重点说明：
室内结构面应高于室外结构面，室内地面完成面必须高于室外地面完成面。
阳台铝合金门槛下口采用 1∶2 水泥砂浆掺 JSJ 聚合物防水砂浆胶乳填堵密实（聚合物防水砂浆配合比为水泥∶砂∶JSJ 聚合物胶乳∶水＝1∶2∶0.2∶适量水）。
室内贴石材或瓷砖，须进行湿贴，宽度≥600 mm。

7. 防水做法对比和成本分析

1) 地下室底板防水做法对比和成本分析

做法一：	做法二：
①现浇自防水钢筋混凝土底板掺 5% JX-Ⅲ防水剂	①现浇自防水钢筋混凝土底板
②40 厚 C20 细石混凝土掺 5%JX-Ⅱ防水剂	②50 厚 C20 细石混凝土保护层
③100 厚 C15 混凝土	③4 厚 SBS 改性沥青防水卷材
④素土夯实	④刷基层处理剂一道
	⑤100 厚 C20 混凝土垫层
	⑥素土夯实

成本分析：

做法一：90 元/m²；　　　　做法二：140 元/m²。

2) 地下室顶板防水做法和成本分析

做法一：	做法二（种植顶板）：	做法二（非种植顶板）：
①最薄处 40 厚 C20 细石混凝土掺 5% JX-Ⅱ 防水剂找坡层，坡度 1%（内配 Φ6@100×100 双向钢筋）	①景观覆土	①面层详景观（100 厚碎石＋50 厚 C25 细石混凝土）
②1.2 厚自黏性三元乙丙橡胶耐根穿刺防水卷材	②无纺布滤水层	②素土夯实
③自防水钢筋混凝土顶板掺 5%JX-Ⅲ防水剂	③80 厚碎石滤水层	③无纺布滤水层
	④50 厚 C20 细石砼保护层	④80 厚碎石滤水层
	⑤4 厚 SBS 耐根穿刺防水卷材	⑤50 厚 C20 细石砼保护层
	⑥30 厚 1：3 水泥砂浆保护层	⑥4 厚 SBS 改性沥青防水卷材
	⑦2.0 厚 JS 防水涂料	⑦30 厚 1：3 水泥砂浆保护层
	⑧20 厚 1：3 水泥砂浆找平兼找坡	⑧2.0 厚 JS 防水涂料
		⑨20 厚 1：3 水泥砂浆找平兼找坡

成本分析：

做法一：100 元/m²；　　做法二：255 元/m²；　　做法三：255 元/m²。

8. 质量控制

1) 防水混凝土的施工质量控制要点明确了吗？

（1）现浇地下室墙板、地下室顶板、屋面板的混凝土中宜添加纤维以增加混凝土的抗裂性能。

（2）防水混凝土施工前应做好降排水工作，不得在有积水的环境中浇筑混凝土。

（3）大体积混凝土应分层连续浇筑，分层厚度不得大于 500 mm，并宜少留施工缝。

（4）在满足施工要求的前提下，宜采用坍落度较小的混凝土。当采用预拌混凝土施工时，应对每车混凝土进行交接检验，严控混凝土坍落度，禁止现场加水。

（5）防水混凝土拌合物在运输后如出现离析，必须进行二次搅拌。

（6）防水混凝土应采用机械振捣，避免漏振、欠振和超振，并采用二次振捣工艺。

（7）防水混凝土终凝后应立即进行养护，养护时间不得少于 14 d。地下室外墙带模养护时间不应小于 7 d，拆模后应沿外墙周边设置喷淋管淋水保温养护。

（8）顶板上严禁重车行驶，堆土高度不得超过设计要求。

2）涂膜防水层施工质量控制要点明确了吗？

（1）基层表面应干净、平整、无浮浆和明显积水，表面应干燥，不应有气孔、凹凸不平、蜂窝麻面等缺陷，基层处理剂应与防水涂料相容，宜使用厂家配套产品，喷、涂基层处理剂应均匀一致，表面干燥后应及时进行防水涂料施工。

（2）涂膜防水层严禁在雨天、雾天、五级及以上大风时施工，不得在施工环境温度低于 5℃及高于 35℃或烈日暴晒时施工；涂膜固化前如有降雨可能，应及时做好已完成涂层的防水保护工作。

（3）应先做细部节点处理，再进行大面积防水涂料施工。防水涂料应分层涂覆，涂层应均匀，不得漏刷漏涂；接槎宽度不应小于 100 mm。铺贴胎体增强材料时，应使胎体层充分浸透防水涂料，不得有露槎和褶皱。

（4）涂膜防水层施工完成固化前，应做好保护工作，并应及时进行保护层施工，保护层应平整，与涂膜防水层结合紧密。

3）卷材防水层施工质量控制要点明确了吗？

（1）卷材防水层应铺设在混凝土结构的迎水面。

（2）防水卷材施工前，基面应坚实、平整、清洁、干燥，并应涂刷基层处理剂；基层处理剂应与卷材或黏结材料相配套，基层处理剂喷涂或刷涂应均匀一致，不应露底，表面干燥后方可铺贴卷材。

（3）阴阳角处应做成圆弧或 45°坡角，在阴阳角等特殊部位，应增做卷材加强层，加强层宽度宜为 300～500 mm。

（4）铺贴卷材严禁在雨天、雪天、五级及以上大风中施工；施工过程中下雨或下雪时，应做好已铺卷材的防护工作。

（5）卷材与基面、卷材与卷材间的黏结应紧密、牢固；铺贴完成的卷材应平整顺直，搭接尺寸应准确，不得产生扭曲和皱褶；卷材搭接处和接头部位应粘贴牢固，接缝口应封严或采用材性相容的密封材料封缝。铺贴立面卷材防水层时，应采取防止卷材下滑的措施。

（6）铺贴双层卷材时，上下两层和相邻两幅卷材的接缝应错开 1/3～1/2 幅宽，且两层卷材不得相互垂直铺贴。

（7）铺贴卷材防水层时，应先铺平面和转角，后铺立面，交接处应交叉搭接，从底面折向立面的卷材接槎部位应采取可靠防脱落措施。

（8）卷材防水层应伸入预留孔洞、管道等部位，深度不小于 50 mm。

（9）卷材防水层施工完成后应及时进行保护层施工，保护层应平整，与卷材防水层结合紧密。

7.2 墙面工程

7.2.1 墙面基层(结构)

1. 轻钢龙骨隔墙

1）适用范围

适用于室内除分户墙之外，装饰面层非墙砖、石材等材料的墙体装饰工程。

2）作业条件

（1）轻钢骨架、石膏罩面板隔墙施工前应先完成建筑的基础验收工作，石膏罩面板安装应待屋面、顶棚和墙抹灰完成后进行。

（2）设计要求隔墙混凝土翻边时，应待混凝土翻边施工完毕，并达到设计强度要求后，方可进行轻钢骨架安装。

（3）所有材料须有材料检测报告、合格证。

3）主要材料

（1）轻钢龙骨主件：沿顶龙骨、沿地龙骨、竖向龙骨、横撑龙骨，应符合设计要求。

（2）轻钢骨架配件：支撑卡、卡托、角托、连接件、固定件、附墙龙骨、压条等附件,应符合设计要求。

（3）紧固材料:射钉、镀锌自攻螺丝和黏结嵌缝料,应符合设计要求。

（4）填充隔音材料:按设计要求选用。

（5）罩面板材:纸面石膏板规格、厚度由设计人员或按图纸要求选定。

4）施工工艺流程

（1）施工流程

隔墙龙骨放线→安装沿顶龙骨和沿地龙骨→竖向龙骨分档→安装竖向龙骨→安装门洞口框→安装横撑卡档龙骨→管线安装→安装单面石膏罩面板→填充隔音材料(选择项)→安装石膏罩面板→施工接缝→面层施工

（2）放线

根据设计施工图,在已完成的地面或混凝土翻边上,放出隔墙位置线、门窗洞口边框线,并放好顶龙骨位置边线。

（3）安装沿顶龙骨和沿地龙骨

根据已放好的隔墙位置线,安装顶龙骨和地龙骨,用射钉固定于主体上,射钉间距为 600 mm。

（4）竖龙骨分档

根据隔墙门洞口放线位置,待地龙骨安装完成后,按罩面板的规格 1 200 mm,龙骨间距尺寸为 400 mm,不足模数的分档应避开门洞框边第一块罩面板位置,使破边罩面板不靠洞框处。

（5）安装龙骨

按分档位置安装竖龙骨,竖龙骨上下两端插入沿顶龙骨及沿地龙骨,调整垂直度及定位准确后,用卡件固定;靠墙、柱边龙骨用射钉与墙、柱固定,钉距为 600 mm。

（6）安装门洞口框

放线后,将隔墙的门洞口框进行双层竖向龙骨加固。

（7）安装横撑卡档龙骨

根据设计要求,隔墙高度大于 3 m 时应加横撑卡档龙骨,采用专用卡件固定。

（8）管线安装(略)

（9）安装单侧罩面板

检查龙骨安装质量、门洞口框是否符合设计及构造要求,龙骨间距是否符合石膏板宽度的模数。石膏板宜竖向铺设(曲面墙所用石膏板宜横向铺设），长边（即包封边）接缝应落在竖龙骨上；安装石膏板时，应从板的中部向板的四边固定，钉帽略埋入板内 0.5～1 mm，但不得损坏纸面。龙骨两侧的石膏板及龙骨一侧的内外两层石膏板应错缝排列，接缝不得落在同一根龙骨上；石膏板用自攻螺钉固定。沿石膏板周边螺钉间距不应大于 200 mm，中间部分螺钉间距不应大于 300 mm，螺钉与板边缘的距离应为 10～15 mm。石膏板宜使用整板，如需对接时应紧靠，但不得强压就位。安装防火墙石膏板时，石膏板不得固定在沿顶、沿地龙骨上，应另设横撑龙骨加以固定。隔墙板的下端如用木踢脚板覆盖，罩面板应离地面 20～30 mm；用大理石、水磨石踢脚板时，罩面板下端应与踢脚板上口齐平，接缝严密。安装双层纸面石膏板时，第二层板的固定方法与第一层相同，但第二层板的接缝应与第一层的错开，不能与第一层的接缝落在同一龙骨上。

安装门洞处石膏板：若为双层石膏板隔墙，在安装第一层石膏板时，门洞上口左右两侧应用 9 mm 板（或 12 mm 板，具体根据石膏板厚度确定）裁成 L 形替代石膏板，以加强转角的拉结牢固度；若为单层石膏板隔墙，门洞上口左右两侧石膏板应做成整体的 L 形。

（10）填充隔音材料（选择项）

一般采用矿棉板、岩棉板等作为填充材料，与安装另一侧纸面石膏板同时进行，填充材料应铺满铺平并用防火钉逐片固定，以防止矿棉板、岩棉板受重力影响下坠，造成上部隔墙的中间空腔（如图 7-1 所示）。

2×12厚石膏板
轻钢龙骨
隔音棉
2×12厚石膏板

图 7-1　填充隔音材料

（11）安装另一侧罩面板

墙体另一侧纸面石膏板的安装方法同第一侧纸面石膏板，其接缝应与第一侧面板错开。

（12）接缝做法

①自攻螺钉防锈处理：用刷子蘸红丹漆满涂自攻螺丝钉帽。

②刮防锈腻子：嵌缝腻子调入10%红丹漆，拌匀后作为腻子使用，用油灰刀将钉眼刮平即可。

③刮嵌缝腻子：使用专用嵌缝腻子进行嵌缝，板缝应控制在5~8 mm，刮嵌缝腻子前先将接缝内浮土清除干净。当石膏板与切割边拼缝时，应将切割边用墙纸刀裁成 V 字形，增加接触面。用小刮刀把腻子嵌满板缝，与板面填实刮平。

④粘贴拉结带：将接缝纸带贴在板缝处，用抹刀刮平压实，纸带与嵌缝腻子间不得有气泡，为防止接缝开裂，增大接缝受力面，在接缝纸带的垂直方向采用长度为 200 mm 的短接缝纸带进行加固，间距不大于 300 mm。

⑤隔墙阳角防护：当设计要求做 PVC 或铝合金护角时，按设计要求的部位、高度，先刮腻子一道，随即用镀锌钉固定护角条，并用腻子刮平。

⑥刮找平腻子：拉结带粘贴干燥后，在表面刮一道宽度为130 mm、厚度约 1 mm 的找平腻子，使拉结带埋入找平腻子中。

⑦罩面腻子：先用水石膏将墙面等基层上磕碰的坑凹、缝隙等处分别找平，干燥后用 1 号砂纸将凸出处磨平，并将浮尘等扫净。刮腻子的遍数可根据基层或墙面的平整度来决定，一般情况为三遍，腻子的重量配合比为聚醋酸乙烯乳液（即白乳胶）：滑石粉或大白粉：2%羧甲基纤维素溶液＝1：5：3.5。具体操作方法为：第一遍用胶皮刮板横向满刮，一刮板紧接着一刮板，接头不得留槎，每刮一刮板最后收头时，要及时收干净；第二遍用胶皮刮板竖向满刮，所用材料和方法同第一遍腻子；第三遍用胶皮刮板找补腻子，用钢片刮板满刮腻子，将墙面等基层刮平刮光。

⑧打磨：借助灯光进行打磨。第一遍腻子干燥后，用 1 号砂纸打磨，将浮腻子及斑迹磨平磨光，再将墙面清扫干净；第二遍腻子干燥后用 1 号砂纸磨平并清扫干净；第三遍腻子干燥后用细砂纸磨平磨光，每遍打磨时注意不要漏磨或将腻子磨穿。

5）质量标准

（1）骨架隔墙表面应平整光滑、色泽一致、洁净、无裂缝，接缝应均匀、顺直。

检验方法：观察；手摸检查。

（2）骨架隔墙上的孔洞、槽、盒应位置正确、套割吻合、边缘整齐。

检验方法：观察。

（3）骨架隔墙内的填充材料应干燥，填充应密实、均匀、无下坠。

检验方法：轻敲检查；检查隐蔽工程验收记录。

（4）骨架隔墙安装的允许偏差和检验方法应符合表7-1的规定。

表7-1　骨架隔墙安装的允许偏差和检验方法

项次	项目	允许偏差（mm）		检验方法
		纸面石膏板	人造木板、水泥纤维板	
1	立面垂直度	3	4	用2 m垂直检测尺检查
2	表面平整度	3	3	用2 m靠尺和塞尺检查
3	阴阳角方正	3	3	用直角检测尺检查
4	接缝直线度	—	3	拉5 m线，不足5 m拉通线，用钢直尺检查
5	压条直线度	—	3	拉5 m线，不足5 m拉通线，用钢直尺检查
6	接缝高低差	1	1	用钢直尺和塞尺检查

6）成品保护

（1）轻钢龙骨隔墙施工过程中，工种间应保证已完成工作不受损坏，墙内电管及设备不得移动、错位及损伤。

（2）轻钢龙骨、配件及纸面石膏板入场，存放使用过程中应妥善保管，保证不变形、不受潮、不被污染、无损坏；纸面石膏板应架空水平放置，分散放置，减少楼板集中荷载。

（3）施工部位已安装的门窗预留洞口、地面、墙面、窗台等应注意保护，防止损坏。

（4）已安装完的墙体不得碰撞，保持墙面不受损坏和污染。

7）应注意的质量问题

开裂原因主要有以下几方面，施工时应注意避免：

（1）竖向龙骨与顶地龙骨未设置间隙，无伸缩空间。隔墙周边应留3 mm的空隙，减少因温度和湿度影响而产生的变形和裂缝。

（2）超过2 m宽的墙体无控制变形缝，造成墙面变形。

（3）嵌缝不饱满；结构不牢固。

（4）石膏板排版未错缝安装。

（5）门洞上口未采用L形整板。

8）补充要求

（1）地面有湿作业的部位，隔墙底部必须有混凝土翻边。

（2）如隔墙要安装挂画或电视机等，应采用 18 mm 多层板加固（如图 7-2 所示）。

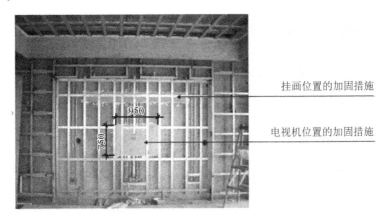

挂画位置的加固措施

电视机位置的加固措施

图 7-2 隔墙加固措施

9）示意图节点做法

（1）地面轻钢龙骨隔墙施工示意图

项目名称	墙面工程	名称	地面轻钢龙骨隔墙施工示意图
适用范围	室内隔墙部分	备注	

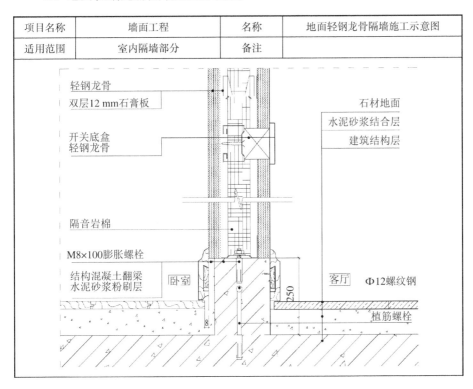

重点说明：

隔墙开关盒处内衬 50 系副龙骨，以便使用自攻螺丝固定开关盒；墙面有液晶电视或装饰画等处需内衬 18 厚多层板（内衬板尺寸按照各项目实际情况确定）。

隔墙隔音棉按照各项目实际情况选择是否使用；隔音棉在施工过程中需进行固定。

隔墙钢筋砼地梁，需按设计图纸要求现场弹线，结构楼面预植 Φ12 螺纹钢，间距不大于 450 mm，在顶端处焊接 Φ12 螺纹钢连接，制模浇捣翻边，翻边处地面应预先凿毛，采用 C20 细石砼浇捣，地梁高度为 250 mm。

2. 钢架隔墙

1）适用范围

适用于室内精装修局部造型墙面的装饰工程。

2）作业条件

（1）隔墙施工前应先完成基础的交接验收工作。

（2）设计要求隔墙有混凝土翻边时，应待混凝土翻边施工完毕，并达到设计强度要求后，方可进行钢骨架安装。

（3）所有的材料必须有材料检测报告、合格证。

3）材料准备

选择符合设计要求的材料，钢架要求热镀锌处理，规格符合国家标准及验收规范要求。

4）施工工艺流程

隔墙龙骨放线→安装竖向龙骨→焊接横向龙骨→焊接门洞口框→管线安装→安装单面罩面板→绑扎钢丝网→粉刷、填充→面层施工

5）示意节点做法

（1）钢架隔墙施工示意图 01

项目名称	墙面工程	名称	钢架隔墙施工示意图 01
适用范围	室内石材钢架隔墙	备注	有防水要求的

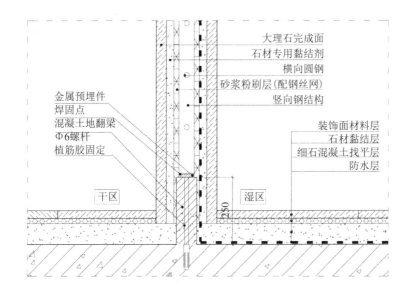

重点说明：
隔墙内细石砼翻边高度为 250 mm。
有防水要求的部位，应按照要求完成防水处理后再进行石材铺贴。
有湿作业的部位，钢架隔墙应设置混凝土翻边。
隔墙的钢架应采用热镀锌材质，钢架焊接部位须满焊，焊接部位应做红丹漆、银粉漆各一道。

（2）钢架隔墙施工示意图 02

项目名称	墙面工程	名称	钢架隔墙施工示意图 02
适用范围	室内石材钢架隔墙	备注	无防水要求的

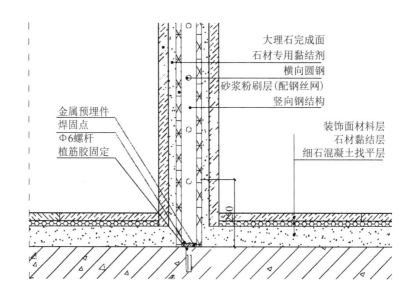

大理石完成面
石材专用黏结剂
横向圆钢
砂浆粉刷层(配钢丝网)
竖向钢结构

金属预埋件
焊固点
Φ6螺杆
植筋胶固定

装饰面材料层
石材黏结层
细石混凝土找平层

重点说明：
隔墙的钢架应采用热镀锌材质,钢架焊接部位须满焊,焊接部位应做红丹漆、银粉漆各一道。

3. 砌筑隔墙

1) 隔墙厚度要求及构造要求

（1）隔墙厚度要求

①外墙厚度和分户墙一般为 240 mm，砌体材料采用黏土多孔砖，砌筑砂浆强度等级≥M5，包括阳台里面墙、天井等。

②内墙厚度一般分 120 mm 和 200 mm 两种，砌体材料采用加气混凝土砌块（轻质隔墙 B06 级）。

（2）构造要求

①门窗洞口一侧为砼结构的门窗顶过梁均采用现浇钢筋砼过梁，应将过梁与柱、墙进行有效连接。过梁在砖墙上的搁置长度每边不小于 120 mm，其余搁置长度能满足设计要求的可采用预制过梁。

②所有填充墙均应在门窗洞顶标高设置过梁。当墙高≥4.0 m 时，在墙高的一半处设一道通长钢筋砼圈梁，圈梁宽同墙宽，高 120 mm，配筋主筋 4Φ10，箍筋 Φ6@200。圈梁的纵筋应与构造柱框架柱预留插筋连成整体。

③无构造柱处应按规范要求设置钢筋拉结。

④当墙体长度≥5.0 m 时，应在中间设置构造柱。

⑤过梁、圈梁、构造柱砼标号 C20。

⑥外墙填充墙顶部至梁或板底留置一定空间进行二次塞缝处理，塞缝从次高层开始从上而下逐层施工，塞缝用斜砖砌筑，斜砖必须逐块敲紧挤实，填满砂浆（注：塞缝楼层最上面一层先不安排施工，以有效控制上部荷载传递因素）。

⑦卫生间、阳台、空调隔板等易积水部位，砖砌墙底部做 200 mm 高 C20 钢筋砼翻边，厚度同墙体。

⑧粉刷前，多孔砖与砼墙交接处设置大于 300 mm 宽金属网；加气块与砼墙、砖墙交接处贴大于 300 mm 玻璃丝网格布；配电箱、消火箱墙面背面金属网满铺防止裂缝；配电箱、消火箱墙面留洞，洞深同墙厚，留洞时四边大于孔洞 50 mm，背面均做金属网粉刷。

2) 墙体定位

（1）定位原则：分户墙 240 mm 厚墙体按轴线居中布置；户内隔墙厚分 120 mm 和 200 mm 两种，具体墙体厚度根据设计要求确定，确保室内砌体墙面与砼墙柱粉刷完成面齐平（砼墙柱粉刷厚度按 10 mm 考虑）。

（2）外墙以面向室内为正手墙面，确保墙面平整度、垂直度满足规范要求。

3）砌筑工艺

（1）原材料控制

①砌块强度等级必须符合设计规定，外观质量、块型尺寸允许偏差应满足表 7-2 要求。

表 7-2　砌块尺寸偏差和外观质量指标

项目		指标
尺寸允许偏差（mm）	长度 L	±2
	厚（宽）度 B	±2
	高度 h	±2
缺棱掉角	处数	≤2
	最大、最小尺寸（mm）	≤70、≤30
平面弯曲（mm）		≤3
油污		不得有
裂纹	条数	≤1
	任一面上的裂纹长度不得大于裂纹方向尺寸的	1/3
	贯穿一棱二面的裂纹长度不得大于裂纹所在面的裂纹方向尺寸总和的	1/3
爆裂、粘模和损坏深度（mm）		≤20
表面疏松、层裂		不允许

②加气块龄期必须达到规范要求，不小于 28 d，材料运输必须有支架整件运输，装卸必须用叉车整件装卸，严禁散件或用塔吊搬运。材料进场应堆置于室内或不受雨雪影响的干燥场所，砌块下应垫支架架空或采取其他有效的隔离措施，避免砌块受潮。施工前含水率宜小于等于 15%。

③砌块现场搬运必须用平板车装运，应轻搬轻放防止缺棱掉角，按规格大小整齐堆放于楼层施工部位，并避免砌块受潮，严禁使用翻斗车运输。

④砌块砌筑必须使用专用黏结剂，其产品质量应符合表 7-3 的要求。

表 7-3　黏结剂主要技术指标

项目	指标
外观	粉体均匀、无结块
抗压强度(MPa)	5.0~12.0
抗折强度(MPa)	≥1.7
保水性指标(mg/cm^2)	≤12
流动度(mm)	120~150

(2) 轻质隔墙砌块施工

①楼层砌体要求在本层结构砼完成 28 d 后方可施工。

②砌筑前,应先按设计要求弹出墙的中线、边线和门洞位置。砌块墙体下部统一做高度不小于 200 mm 的水泥砖导墙;若遇卫生间、厨房间、阳台有防水要求部位,下部设置高度不小于 200 mm 的 C20 钢筋砼导墙。

③砌筑专用黏结剂应使用电动工具搅拌均匀,拌合量宜在 4 h 内用完为限。

④切割砌块应使用手提式机具或相应的机械设备。

⑤使用黏结剂施工时,不得用水浇湿砌块。

⑥ 砌筑时,应以皮数杆为标志,拉好水准线,并从房屋转角处两侧与每道墙的两端开始。

⑦砌筑每层楼的第一皮砌块前,应先用水湿润基面,再施铺 M7.5 水泥砂浆,并在砌块底面水平灰缝和侧面垂直灰缝满涂黏结剂后进行砌筑。

⑧第二皮砌块的砌筑,必须待第一皮砌块水平灰缝的砌筑砂浆凝固后方能进行。

⑨ 每皮砌块砌筑前,宜先将下皮砌块表面(铺浆面)以磨砂板磨平,并用毛刷清理干净后再铺水平、垂直灰缝处的黏结剂。

⑩ 每块砌块砌筑时,宜用水平尺与橡皮锤校正水平、垂直位置,并做到上下皮砌块错缝搭接,其搭接长度不应小于被搭接砌块长度的 1/3,且不小于 100 mm。

⑪墙体转角和纵横墙交接处应同时砌筑。临时间断处应砌成斜槎。斜槎水平投影长度不应小于高度的 2/3。接槎时,应先清理槎口,再铺黏结剂接砌。

⑫砌块水平灰缝应用刮勺均匀施铺黏结剂于下皮砌块表面;砌块的垂直灰缝可先铺黏结剂于砌块侧面再上墙砌筑。灰缝应饱满,并及时将挤出的黏

结剂清除干净,做到随砌随勒。灰缝厚度和宽度应为 2～3 mm。

⑬砌上墙的砌块不应随意移动或受撞击。若需校正,应重铺抹黏结剂进行砌筑。

⑭墙体砌完后必须检查表面平整度,如有不平整,应用钢齿磨板和磨砂板磨平,使偏差控制在允许范围内。

⑮砌块墙体与钢筋混凝土柱(墙)相接处应设置专用连接件或拉结筋进行拉结,设置间距应为两皮砖的高度。当采用拉结筋时,墙体水平配筋带应预先在砌块水平灰缝面开设通长凹槽,置入钢筋后,应用 M7.5 水泥砂浆填实至槽的上口平。

⑯砌块墙顶面与钢筋混凝土梁板底面间应预留 20～30 mm 空隙,空隙内的填充物应在墙体砌筑完成 14 d 后进行,用 M5.0 水泥砂浆嵌填平实。

⑰砌块墙体的过梁可采用与砌块配套的专用过梁,也可用现浇钢筋混凝土过梁,钢筋混凝土过梁宽度比砌块两侧墙面各凹进 5～10 mm。

⑱砌筑时,严禁在墙体中留设脚手洞。

⑲墙体修补及孔洞堵塞宜采用专用修补材料进行修补;也可用砌块碎屑拌以水泥、石灰膏及适量的建筑胶水进行修补,配合比为水泥∶石灰膏∶砌块碎屑＝1∶1∶3。

(3) 砌筑完成后的检查验收及整改

①墙面应平整、干净,灰缝无溢出的黏结剂。

②上下皮砌块错缝搭接长度小于 100 mm 的面积不得大于该墙体总面积的 20%。

③砌块墙体的允许偏差应符合表 7-4 的规定。

表 7-4　砌块墙体的允许偏差

序号	项目		允许偏差(mm)		检验方法
1	轴线位置偏移		10		用经纬仪或拉线和尺量检查
2	基础顶面或楼层标高		±15		用水准仪和尺量检查
3	墙体厚度		±2		用尺量检查
4	垂直度	每层	3(轻质隔墙) 5(多孔砖)		用线锤和 2 m 托线板检查
		全高	≤10 m	10	用经纬仪或吊线锤和尺量检查
			>10 m	20	

序号	项目		允许偏差(mm)	检验方法
5	表面平整度		6	用2m靠尺或塞尺检查
6	外墙上、下窗口偏移		18	用经纬仪或吊线检查
7	门窗洞口 （后塞框）	宽度	±5	用尺量检查
		高度	±5	

4）示意节点做法

砌筑隔墙施工示意图

项目名称	墙面工程	名称	砌筑隔墙施工示意图
适用范围	室内隔墙	备注	

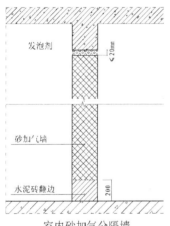

室内砂加气分隔墙

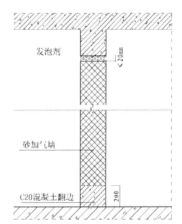

卫生间、厨房砂加气分隔墙

重点说明：
缝隙须用发泡剂满填充密实,保证隔声要求。
发泡剂固化后,用刀片割除多余突出墙面部分,并在其表面抹1：2水泥砂浆一道,以满足防火要求。
注：1.在防火分区及有防火要求的砌体隔墙部位,使用防火材料填充或用斜砖砌筑。
　　2.隔墙隔声要求须满足国家规范要求。

4. 墙面抹灰工程施工工艺

1）适用范围

适用于室内精装修墙面水泥砂浆专用批墙腻子抹灰工程。

2）材料准备

（1）水泥：强度等级为 32.5，普通硅酸盐或矿渣硅酸盐水泥。

（2）砂子：中砂 5%，不得含有杂物。

（3）玻璃丝网格布和金属网：多孔砖与砼墙交接设置大于 300 mm 宽金属网；加气块与砼墙、砖墙交接处贴大于 300 mm 玻璃丝网格布；配电箱、消火箱墙面背面金属网满铺防止裂缝；配电箱、消火箱墙面留洞，洞深同墙厚，留洞时四边大于孔洞 50 mm，背面均做金属网粉刷。

3）重点说明

网格布应嵌在抹灰的中间，而不是贴在墙体上，否则会影响效果。在墙体上先批一薄层灰，安装网格布，再批灰，这样才能彻底发挥网格布的作用。

4）冬期抹灰施工要点

（1）进行室内抹灰前，应将窗口封好，门窗口的边缝及脚手眼、孔洞等亦应堵好，施工洞口、运料口及楼梯间等处做好封闭保温措施。在进行室外施工前，应尽量利用外架搭设暖棚。

（2）施工环境温度不应低于 5℃。

（3）用临时热源（如火炉）供热时，应当随时检查抹灰层的湿度，及时洒水湿润，防止产生裂纹。

（4）抹灰工程所用的砂浆，应在正常温度的室内或临时暖棚中拌制。砂浆使用时的温度，应控制在 5℃ 以上。

（5）砂浆抹灰层初凝期不得受冻；抹灰工程完成后，在 7 d 内室（棚）内温度不应低于 5℃。

（6）在中午气温较高时，应适当开窗通风，以便潮气挥发。

（7）室内温度应保持均匀，局部过冷或者过热，会导致温度变形，发生开裂。

5）质量标准

一般抹灰工程质量的允许偏差和检验方法应符合表 7-5 的规定。

表 7-5　抹灰工程质量要求

项目	高级抹灰允许偏差(mm)	检验方法
立面垂直度	3	用 2 m 垂直检测尺检查
表面平整度	3	用 2 m 靠尺和塞尺检查
阴阳角方正	3	用直角检测尺检查
分格和(缝)直线度	3	拉 5 m 线,不足 5 m 拉通线,用钢直尺检查

6)成品保护

(1)抹灰时应保护好铝合金门窗框的保护膜完整。

(2)要保护好墙上的预埋件,电线盒、槽、水暖设备等预留孔洞不得遮盖。

(3)要注意保护好楼地面面层,不得在楼地面上直接拌灰。

7.2.2　墙面饰面工程

1. 墙面柱面贴瓷砖

1)适用范围

本工艺标准适用于室内墙柱面湿贴釉面砖、玻化砖工程。

2)作业条件

(1)墙面基层清理干净,窗台、窗套等已完成砌堵。

(2)按面砖的尺寸、颜色进行选砖,并分类存放备用。

(3)大面积施工前应先放样、弹线做排版图,并做出样板墙,确定施工工艺及操作要点,并向施工人员做好交底工作。样板墙完成后,必须经甲方、监理验收合格后,方可组织班组按样板要求施工。

(4)有防水要求的墙面,防水施工已经完成,养护时间已经达到。

(5)预留孔洞、上下水管及开关插座管线等应敷设完毕;门窗框、扇需固定牢固,并用 1∶3 水泥砂浆将缝隙堵塞严实;铝合金门窗框边缝所用嵌缝材料应符合设计要求,且塞堵密实,并事先粘贴保护膜。

(6)施工环境温度不应低于 5℃。

3)材料要求

(1)水泥:强度等级为 32.5 的矿渣水泥或普通硅酸盐水泥,应有出厂证明或复试单,若出厂超过三个月,应根据试验结果决定是否使用。

(2)黏结接剂:抛光砖或玻化砖,应采用专用黏结剂,且有相关材料供应商的检测报告、实验数据和合格证明。

（3）填缝剂：专用填缝剂，颜色符合设计要求。

（4）砂子：粗砂或中砂，用前过筛，含泥量不得大于3%。

（5）面砖：面砖的表面应光洁、方正、平整，质地坚固，其品种、规格、尺寸、色泽、图案应均匀一致，必须符合设计规定，不得有缺楞、掉角、暗痕和裂纹等缺陷，共性指标均应符合现行国家标准的规定，釉面砖的吸水率不得大于10%。抛光砖或玻化砖的切割、倒角均需在工厂加工完成后运至现场。

（6）建筑胶水：901胶水。

4）施工工艺流程

（1）施工流程

基层处理→刷界面剂→根据排版图弹线分格→选砖→浸砖→镶贴面砖→勾缝与擦缝。

（2）基层处理

基层为混凝土墙面时的操作方法为：首先将凸出墙面的混凝土剔平，对光滑的混凝土墙面应凿毛，并用钢丝刷满刷一遍，再浇水湿润。

（3）刷界面剂

墙面基层满刷一道901建筑胶水。

（4）弹线分格

按图纸要求进行分段分格弹线、拉线，再进行面层贴标准点的工作，以控制出墙尺寸及垂直、平整度。

（5）选砖

釉面砖镶贴前，首先要选砖，剔除缺棱掉角、翘曲等不合格面砖；根据砖的尺寸误差，选出大、中、小三种规格，将砖进行分类摆放。

根据排版图及墙面尺寸，注意砖的排版与开关、插座、龙头等点位的对齐、对缝、对应关系，切割砖的规格不应小于整砖规格的1/3。

（6）浸砖

将砖背面用钢丝刷清扫干净，放入净水中浸泡2～3 h，取出待表面晾干或擦干净后方可使用。

注：要求各项目对瓷砖浸泡集中处理后运往各施工楼层，禁止分散浸泡及瓷砖背面处理。

图 7-3　清洗瓷砖浮灰

（7）镶贴面砖

镶贴应自下而上进行，从最下一层砖的上口位置线先稳好靠尺，以此托住第一皮面砖。在面砖外皮上口拉水平通线，作为镶贴的标准。在面砖背面须采用专用背胶剂涂刷干透后，再使用专用黏结剂镶贴（抛光砖或玻化砖），黏结剂厚度为 6～10 mm，粘贴后用灰铲柄或橡皮锤轻轻敲打，使之附线，再用钢片调整竖缝，并用靠尺通过标准点调整平整和垂直度；铺贴过程中需及时清理砖缝内的及砖表面的黏结材料。

（8）勾缝与擦缝

面砖铺贴完成后，用专用勾缝剂进行勾缝，先勾水平缝再勾竖向缝；要求勾缝平整、饱满；面砖勾缝完成后，用布或棉丝擦洗干净。

5）质量标准

（1）保证项目

①面砖的品种、规格、颜色、图案必须符合设计要求和现行标准的规定。

②面砖镶贴必须牢固，无歪斜、缺楞、掉角和裂缝等缺陷。

（2）基本项目

①表面平整、洁净，颜色一致，无变色、起碱、污痕，无显著的光泽受损处，无空鼓。

②接缝填嵌密实、平直，宽窄一致，颜色一致，阴阳角处压向正确，非整砖的使用部位适宜。

③用整砖套割吻合，边缘整齐；墙裙、贴脸等突出墙面的厚度一致。

④流水坡向正确,滴水线顺直。

6)成品保护

(1)要及时清理残留在门窗框上的黏结材料。

(2)油漆粉刷不得将油浆喷滴在已完成的面砖上,如果面砖上部为外涂料或水刷石墙面,宜先做外涂料或水刷石,然后贴面砖,以免污染墙面;必须先做面砖时,完工后应采取贴纸或塑料薄膜覆盖等措施,防止污染。

(3)后续施工不得碰撞墙面,阳角需用成品护角条进行保护。

7)应注意的质量问题

墙面柱面贴瓷砖的主要质量问题为空鼓、脱落。

(1)冬季施工砂浆易受冻,化冻后容易发生脱落现象,因此在进行贴面砖操作时,应保证合适的环境气温。

(2)基层表面平整、垂直度偏差较大,基层处理或施工不当,容易产生空鼓、脱落。

(3)粘接材料配比不符合要求,含泥量过大,在同一施工面上采用几种不同配合比的砂浆,都会导致不同的干缩,进而产生空鼓。应在砂浆中加适量901胶增强黏结。

(4)有防水要求的墙面铺贴面砖,铺贴前需对防水层完成面上的浮灰进行清洗,增加附着力,防止空鼓、脱落。

8)补充要求

瓷砖背面及墙面双面批刮黏结剂,注意双面批刮的方向应一面水平向批刮、一面垂直向批刮,以便达到使粘接层相互咬合、防止空鼓的作用。粘接层厚度一般为6~10 mm,并采用专用的批刮工具纵横拉槽(如图7-4所示)。

图7-4　瓷砖背面批刮黏结剂

9）示意节点做法

（1）卫生间壁龛施工示意图

项目名称	墙面工程	名称	卫生间壁龛施工示意图
适用范围	卫生间、厨房墙面瓷砖施工	备注	通用

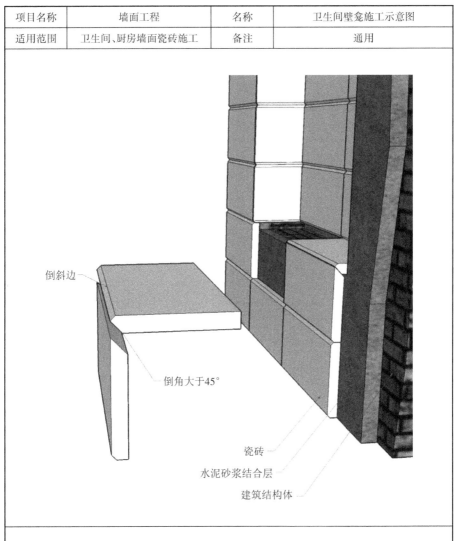

倒斜边

倒角大于45°

瓷砖

水泥砂浆结合层

建筑结构体

重点说明：
卫生间壁龛高度需按墙面石材或瓷砖排版而定,高度应与横缝齐平,并做与横缝相同的倒角或凹槽。

（2）墙面瓷砖阴阳角收口示意图

项目名称	墙面工程	名称	墙面瓷砖阴阳角收口示意图
适用范围	卫生间、厨房、洗衣房等	备注	通用

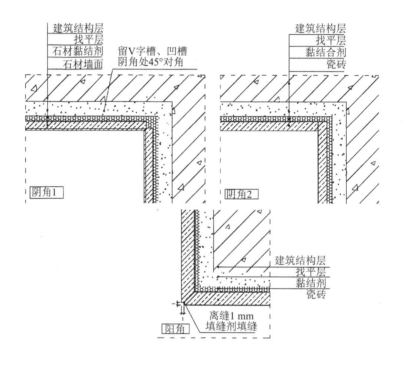

重点说明：
砖墙面有横缝时（如 V 字缝、凹槽），采用图示阴角 1 做法，阴角收口均需 45°（角度稍小于 45°，以利于拼接）拼接对角处理，阴角面切应在工厂内加工完成（釉面砖可在现场加工）；无横缝时（如 V 字缝、凹槽）时，应采用图示阴角 2 做法。
砖面留槽时深度不应大于 5 mm。

2. 石材湿贴与灌浆工程

1) 适用范围

适用于项目精装修内墙面、柱面石材湿贴与灌浆装饰工程。

2) 作业条件

(1) 结构经检查验收合格,水电、通风、设备安装等已施工完毕。

(2) 有防水要求的部位,防水工程已经完成并验收合格,养护达到要求。

(3) 室内基准线已确定。

(4) 有门窗的墙面门窗框应施工完成,并为安装石材留有足够空间,同时用1∶3水泥砂浆将缝隙塞严实。

(5) 进场的石材应派分管人员和监理(有材料分管人员的,必须参加)进行验收。

(6) 石材进场前,须在工厂对石材背胶并采用石材防护剂做六面防护;石材进场后,采用石材防护剂对石材进行六面防护(建议采用水性防护剂,避免空鼓)处理,晾干后待铺。

(7) 如果石材采用灌浆工艺,须在石材背后采用专用石材黏结剂批刮,采用专用工具,厚度控制在3 mm内;深色石材可在板材背面刮一道掺5%建筑胶的素水泥浆,防止空鼓。

(8) 墙面上若有水电管线敷设,在石材灌浆前应将所有管线走向明确标注,防止施工造成破坏。

3) 材料准备

(1) 水泥:强度等级为32.5的普通硅酸盐水泥。应有出厂证明或复试单,若出厂超过三个月,应根据试验结果决定是否使用。浅色石材采用强度等级为32.5的建筑白水泥。

(2) 填缝剂:专用填缝剂。

(3) 石材专用黏结剂(用于石材背面批刮)。

(4) 砂子:宜用河砂和江砂;粗砂或中砂,用前过筛;含泥量不得超过3%。

(5) 石材:石材须经六面防护处理,石材表面应光洁、方正、平整;质地坚固,其品种、规格、尺寸、色泽、图案应均匀一致,必须符合设计规定。不得有缺楞、掉角、暗痕和已断裂经修补等缺陷。石材应在工厂完成切割、倒角、拉槽加工后运至现场。

(6) 建筑胶水和矿物颜料等。

4）施工工艺流程

基层处理和弹线排版参照前文。

（1）粘贴工艺

边长小于 400 mm，厚度在 20 mm 以下的小规格石材参照墙面瓷砖铺贴工艺。

（2）灌浆工艺

用铜丝将石材就位，石材上口外仰，右手伸入石材背面，把石材下口铜丝绑扎在横筋上，绑扎不要太紧，只要把铜丝和横筋栓牢即可。把石材竖起，便可绑石材上口铜丝，并用木楔子垫稳，石材与基层间的缝隙一般为 30～50 mm。用靠尺板检查调整木楔，再栓紧铜丝，依次向另一方向进行。柱面可按顺时针方向安装，一般先从正面开始。第一层安装完毕再用靠尺找垂直，水平尺找平整，方尺找阴阳角方正，在安装石材时如发现石材规格不准确或石材间缝隙不匀，应用垫片垫牢，使石材间缝隙均匀一致，并保持第一层石材上口的平直。找完垂直、平整、方正后，用碗调制熟石膏，把调成粥状的石膏贴在上下层石材间，使这两层石材结成整体，木楔处亦可粘贴石膏，再用靠尺检查有无变形，等石膏硬化后方可灌浆。

分层灌浆：把配合比为 1∶2.5 的水泥砂浆放入半截大桶加水调成粥状，用铁簸箕舀浆徐徐倒入，注意不要碰到石材，边灌浆边用小铁棍轻轻插捣，使之密实。第一层浇灌高度为 150 mm，不能超过石材高度的 1/3，隔夜再浇灌第二层，每块板分三次灌浆，第一层灌浆很重要，因要锚固石材板的下口铜丝又要固定石材板，所以要谨慎操作，防止碰撞和猛灌。如发生石材向外错动，应立即拆除重新安装。

注：石材边长大于 400 mm，厚度在 20 mm 以上，镶贴高度超过 1 m 采用灌浆工艺。

（3）擦缝、清洁

全部石材安装完毕后，清除所有石膏和余浆痕迹，用麻布擦洗干净，并按石板颜色调制色浆嵌缝，边嵌边擦干净，使缝隙密实、均匀、干净、颜色一致。

5）质量标准

（1）主控项目

①材料的品种、规格、颜色、图案必须符合设计要求。

②材料应满足现行的质量标准，饰面板镶贴或安装必须牢固、方正、楞角整齐，不得有空鼓、裂缝等缺陷。

③石材墙面横缝,需根据人体的视线高度排布,拼缝尽量避开人体主要视线(高度 1 640～1 740 mm)。

(2)一般项目

①表面平整、洁净、颜色一致,图案清晰、协调。

②接缝嵌填密实、平直,宽窄一致,颜色一致,阴阳角处板的压向正确。

③拼角严密,边缘整齐,贴面、墙裙等处上口平顺,凸出墙面厚薄一致。

④板材的外露侧面需经抛光处理。

6)技术要求及措施

(1)饰面板的接缝宽度应符合设计要求。饰面板安装应找正吊直,接缝宽度可垫木楔调整,并应确保外表面的平整、垂直及板上口的顺平。

(2)灌浆前,应浇水将饰面板背面和基体表面湿润,再分层灌注砂浆。每层灌注高度为 150～200 mm,最多不得大于板高的 1/3,砂浆应插捣密实,待其初凝后,应检查板面是否位移,出现移动错位须拆除重新安装。

(3)施工缝应留在饰面板水平接缝以下 50～100 mm 处。冬季施工时砂浆的使用温度不得低于 5℃,应采取防冻措施避免砂浆硬化。

7) 示意节点做法

石材灌浆施工示意如下。

项目名称	墙面工程	名称	石材灌浆施工示意图
适用范围	室内电梯厅、卫生间、厨房	备注	通用

重点说明：

墙面石材采用湿挂灌浆工艺，采用铜丝连接。分次灌浆，第一次不得超过石材高度的 1/3，待砂浆初凝后进行第二次灌浆，高度为石板的 1/2，第三层灌浆至低于石材上口 50mm 处为止。

3. 墙面干挂石材

1) 适用范围

适用于室内、外墙面干挂石材饰面板装饰工程。

注：墙面铺贴高度超过 3.5 m，必须采用干挂工艺。

2) 作业条件

（1）结构经检查和验收合格，隐检、预检手续已办理，水电、通风、设备安装施工完毕。

（2）石材按设计图纸的规格、品种、质量标准、物理力学性能、数量备料，并进行表面六面防护处理工作(室内干燥区域,六面防护可作选择执行)。

（3）外门窗已安装完毕,经检验符合规定的质量标准。

（4）已备好不锈钢锚固件、手持电动工具等。

（5）先做样板,经施工单位自检,报监理、业主和设计方确认合格后,方可组织人员进行大面积施工。

（6）若外墙石材干挂,钢架必须防雷接地。

（7）所有石材干挂钢架焊接点防锈处理到位,经隐蔽工程验收合格后方可施工。

（8）设计要求墙面石材到顶的,周边吊顶必须待石材干挂完成后方可封板,以保证顶部石材干挂施工的操作空间。

3）材料准备

（1）基层钢架:槽钢、方钢或角钢的规格型号必须符合设计要求及国家规范要求。材质应进行热镀锌处理,检验合格后方可进场。

（2）石材:根据设计要求,确定石材的品种、颜色、花纹和尺寸规格,并严格控制检查其抗折、抗拉及抗压强度,吸水率,耐冻融循环等性能。花岗岩板材的弯曲强度应经法定检测机构检测确定。

（3）云石胶:用于石材与挂件连接部位的临时固定。

（4）双组分环氧型胶黏剂(AB胶):用于干挂石材挂件与石材槽缝间的黏结固定,按固化速度分为快固型(K)和普通型(P)。

（5）不锈钢紧固件:应对同一种类构件的5%进行抽样检查,且每种构件不少于5件;紧固件材质为304不锈钢。

（6）膨胀螺栓、化学锚栓、连接铁件、连接不锈钢针等配套的铁垫板、垫圈、螺帽及与骨架固定的各种设计和安装所需要的连接件的质量必须符合要求。

（7）红丹漆和银粉漆:对焊缝进行处理,清理焊渣,先刷红丹漆一道,待表面干燥后刷银粉漆一道。

注:大堂等空间高度较高的区域,需对膨胀螺栓进行拉拔试验。

4）施工工艺流程

（1）施工流程:测量放线→钢架制安→防锈处理→石材开槽→石材安装。

（2）验收石材:验收石材要监理协同分管人员负责管理,要按设计要求认真检查石材规格、型号是否正确,与料单是否相符,如发现颜色明显不一致的要单独码放,以便退还厂家。

（3）测量放线：先将要干挂石材的墙面、柱面、门窗套从上至下找出垂直，同时考虑石材厚度及石材内皮距结构表面的间距。根据石材的高度用水准仪测定水平线并标注在墙上，板缝按照设计要求。弹线要从饰面墙中心向两侧及上下分格，误差要均分。

（4）钢架制安：钻孔（验收表），对于轻质墙体，采用对穿螺杆固定钢架。

（5）钢架防锈处理。

（6）开槽：安装石材前先测量准确位置，然后再进行钻孔开槽，对于钢筋混凝土或砖墙面，先在石板的两端距孔中心 80～100 mm 处开槽钻孔，孔深 20～25 mm，然后在墙面相对于石材开槽钻孔的位置钻直径 8～10 mm 的孔，将不锈钢膨胀螺栓一端插入孔中固定，另一端挂好锚固件。对于钢筋混凝土柱梁，由于构件配筋率高，钢筋面积较大，有些部位很难钻孔开槽，在测量弹线时，应先在柱或墙面上避开钢筋位置，准确标出钻孔位置，待钻孔及固定好膨胀螺栓锚固件后，再在石材相应位置钻孔开槽。

（7）石材安装：应根据固定在墙面上的不锈钢锚固件位置进行安装，具体操作是将石材孔槽和锚固件固定销对位安装好，利用锚固件的长方形螺栓孔，调节石材的平整，以及用方尺找阴阳角方正，拉通线找石材上口平直，然后用锚固件将石材固定牢固，并用嵌固胶将锚固件填堵固定。

注：先用 AB 胶将干挂石材挂件与石材槽缝间作黏结固定，再用云石胶将石材与挂件连接部位作临时固定。

5）成品保护

（1）应及时擦净残留在门窗框、玻璃和金属饰面板上的密封胶、尘土、胶黏剂、油污、手印、水等杂物。

（2）对已完成的石材阳角采用纸质成品阳角条或夹板护角条进行保护；大面采用塑料薄膜粘贴。

（3）已完工的干挂石材饰面如处在材料运输通道等区域，应设置保护遮挡，并设置标识。石材的标签需及时清理。

6）施工注意事项

严格按照石材的编号进行安装，确保石材颜色、纹理保持整体统一；为了防止出现饰面石材颜色不一致的情况，施工前应在加工厂事先对石材进行挑选和试拼。

避免出现线角不直、拼缝不均匀的情况，施工前应认真按设计图纸尺寸核对结构施工实际尺寸，分段分块弹线要精确细致，并经常拉水平线和吊垂直线检查校正。

7）质量标准

（1）主控项目

①石材墙面工程所用材料的品种、规格、性能和等级,应符合设计要求及国家现行产品标准和工程技术规范的规定。

②石材墙面的造型、立面分格、颜色、光泽、花纹和图案应符合要求。

③石材孔、槽的数量、深度、位置、尺寸应符合设计要求。

④墙角的连接节点应符合设计要求和技术标准的规定。

2）一般项目

①石材墙面表面应平整、洁净,无污染、缺损和裂痕;颜色和花纹应协调一致,无明显色差,无明显修痕。

②石材接缝应横平竖直、宽窄均匀;阴阳角石板压向应正确,板边合缝应顺直;凹凸线出墙厚度应一致,上下口应平直;石材面板上洞口、槽边应套割吻合,边缘应整齐。

③石材饰面板安装的允许偏差应符合《建筑装饰装修工程质量验收标准》(GB50210—2018)中的规定,如表 7-6 所示。

表 7-6　石材饰面板安装的允许偏差和检验方法

序号	项目	允许偏差（mm）			检验方法
		石材			
		光面	剁斧石	蘑菇石	
1	立面垂直度	2	3	3	用 2 m 垂直检测尺检查
2	表面平整度	2	3	—	用 2 m 靠尺和塞尺检查
3	阴阳角方正	2	4	4	用 200 mm 直角检测尺检查
4	接缝直线度	2	4	4	拉 5 m 线,不足 5 m 拉通线,用钢直尺检查
5	墙裙、勒脚上口直线度	2	3	3	拉 5 m 线,不足 5 m 拉通线,用钢直尺检查
6	接缝高低差	1	3	—	用钢直尺和塞尺检查
7	接缝宽度	1	2	2	用钢直尺检查

8) 示意节点做法

(1) 石材干挂法施工示意图

项目名称	墙面工程	名称	石材干挂法施工示意图
适用范围	室内大厅、电梯厅等公共空间	备注	通用

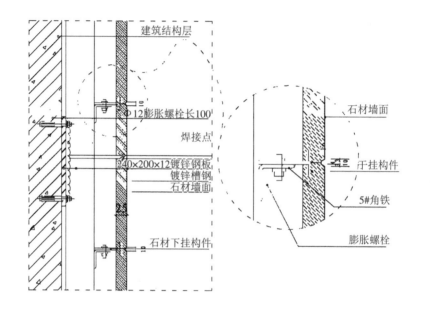

重点说明:

所有型钢规格符合国家标准,热镀锌处理,钢架焊接部位须满焊,焊接部位防锈处理刷红丹漆、银粉漆各一道。石材挂件连接配件材质为 304 不锈钢。

石材厚度在 25 mm 以上,高度 2 500 mm 以内的墙体,竖向需采用 5# 槽钢,横向采用 40 mm×4 mm 型角钢,间距根据石材的横缝排版确定,高度 2 500 mm 以上的墙体,竖向需采用 8# 槽钢,横向采用 50 mm×5 mm 型角钢,间距根据石材的横缝排版确定。

如是轻质墙,则需在竖向主龙骨上增加背穿螺栓,螺栓间距不大于 1.2 m。

石材长度大于 600 mm 时,每排设置不少于 3 个挂点。

（2）石材检修门示意图

项目名称	墙面工程	名称	石材检修门示意图
适用范围	室内电梯厅、大厅、走道等	备注	通用

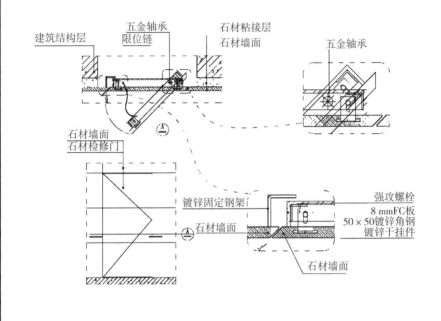

重点说明：

石材暗门需采用热镀锌角钢，角钢大小及滚珠轴承大小根据门体的自重选定，焊接部位做防锈处理。

门边、框边石材的切割面需抛光处理，钢架面采用防潮板包封。为防止门与边框碰撞导致使石材破损，需在门与框之间安装限位链。

暗门厚度及旋转开启与墙面装饰面空间关系需在建筑设计时就考虑，否则难以实施。

注：管井门标准层电梯厅建议选用木质门，暗门五金件需保证承载力，避免在使用过程中变形。

（3）石材线条施工示意图

项目名称	墙面工程	名称	石材线条施工示意图
适用范围	室内墙面背景	备注	通用

重点说明：
钢架基层采用 L40×4 镀锌角钢，焊接部位需刷红丹漆、银粉漆各一道。
钢架间距应 450 mm 设置一道，顶部横向角钢应与顶部结构楼板做拉结。
石材线条须用 AB 胶和不锈钢专用干挂件进行固定。
石材线条 2 200 mm 内宜整根加工，减少拼接。

（4）壁炉施工示意图

项目名称	墙面工程	名称	壁炉施工示意图
适用范围	室内装饰壁炉	备注	通用

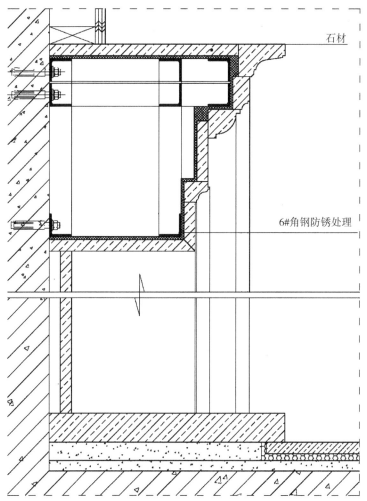

石材

6#角钢防锈处理

重点说明：
装饰壁炉必须有与结构墙体、梁或柱有效连接的钢架基层，钢架需热镀锌处理，钢架焊接部位须满焊，焊接部位防锈处理刷红丹漆、银粉漆各一道（钢架的材料按照壁炉的体量和沉重选择合适的型号）。

4．木装饰墙面饰面

1）适用范围

适用于室内干区面层装饰工程。

2）作业条件

（1）安装木饰面板处的结构或基层必须牢固。

（2）木饰面板的骨架安装，应在安装完门窗口、窗台板后进行，钉装面板应在室内抹灰及地面完成且充分干燥后进行。

（3）木饰面板木龙骨应在安装前将铺面板刨平，防腐、防火必须达到国家规范要求；轻钢龙骨及基层板应平整、牢固。

（4）施工项目的工程量大且较复杂时，应绘制施工大样图，并做出样板，经检验合格，才能大面积进行作业。

3）材料要求

（1）木材的树种、材质等级、规格应符合设计要求，并且符合有关施工及验收规范的规定。

（2）龙骨料一般用红、白松等烘干料，含水率不大于12％，材质不得有腐朽、超断面1/3的节疤、壁裂、扭曲等疵病，并预先经三防处理。

（3）饰面板须在工厂加工，不得现场制作。面层厚度不小于0.6 mm，也可采用其他贴面材质；有曲面要求的，面层厚度不小于0.3 mm。要求饰面板纹理顺直、颜色均匀、花纹近似，不得有节疤、裂缝、扭曲、变色等疵病。卫生间、厨房、地下室等潮湿空间基层宜选用结构致密的多层板，含水率不大于12％，板材厚度不小于9 mm（要求拼接的板面，板材厚度不少于15 mm）。

（4）辅料。

①防潮卷材：油纸、防潮膜，也可用防潮涂料。

②防火涂料、胶黏剂、乳胶、冷底子油。

③钉子：采用气动射钉，长度应是面板厚度的2～2.5倍。

④樟木粉、防腐剂。

4）施工工艺流程

（1）施工流程：弹线定位→安装固定件→铺、涂防潮层→龙骨配制与安装→基层板安装、调整→钉装面板。

（2）弹线定位：木饰面安装前，应根据设计要求，结合现场标高、平面位置、竖向尺寸、完成面，进行弹线定位。

（3）安装固定件：根据弹线位置，墙面钻孔，埋置固定件（木楔须防腐、防火处理）。

（4）铺、涂防潮层：有防潮要求的木饰面位置，在钉装龙骨时应压铺防潮卷材，或在钉装龙骨前涂刷防潮层。

（5）龙骨配制与安装

墙面装饰轻钢龙骨基层（龙骨与墙面的固定，采用木楔须经防腐、防火处理后待用）：

①局部木护墙龙骨：根据房间大小和高度，可预制成龙骨架，整体或分块安装。

②全高护墙龙骨：首先量好房间尺寸，根据房间四角和上下龙骨的位置，将四框龙骨找位，钉装平、直，然后按设计龙骨间距要求钉装横竖龙骨。当设计无要求时，一般护墙横、竖龙骨间距为 300 mm。龙骨安装必须找方、找直，骨架与木楔间的空隙应垫以木垫，每块木垫至少用两个钉子固定，在装钉龙骨时预留出板面厚度。

③安装扣件：如果木饰面板的厚度小于 9 mm 时，建议龙骨上增加基层板，基层板的厚度不低于 9 mm 的多层板。木饰面板面积小于 0.5 m² ，可以采用专用胶水粘贴。面积大于 0.5 m² 时，须采用固定件安装。

（6）基层板安装、调整

①基层板安装前对所有龙骨的平整与牢固度进行检查。

②基层板安装前，先根据龙骨排列方式进行预装、弹线。

③基层板与基层龙骨连接必须采用自攻螺丝固定，基层板与基层板拼接时应留 2～3 mm 膨胀缝隙为宜。

④基层板不得直接落地，须与地面完成面留 20 mm 缝隙，防止受潮。

（7）饰面板安装

①饰面板配好后进行试拼，确定面板尺寸、接缝、接头处构造是否合适，且木纹方向、颜色观感符合要求，才能进行正式安装。

②饰面板接头隐蔽部位，应涂胶与龙骨固定牢固，固定面板的钉子规格应适宜，钉长约为面板厚度的 2～2.5 倍，钉距一般为 100 mm。

③钉贴脸（线条）：贴脸（线条）料应进行挑选，花纹、颜色应与框料、面板接近，在工厂完成油漆加工。贴脸规格尺寸、宽窄、厚度应一致，接挂应顺平无错槎。

5) 质量标准

(1) 主控项目

①胶合板、贴脸板等材料的品种、材质等级、含水率和防腐防火措施,必须符合设计、环保要求和施工验收规范的规定。

②木制品与基层或木楔、木砖镶钉必须牢固,无松动。

(2) 一般项目

①制作:尺寸正确,表面平直光滑,棱角方正,线条顺直,不露钉帽,无戗槎、刨痕、毛刺和锤印。

②安装:位置正确,割角整齐、交圈,接缝严密,平直通顺,与墙面紧贴,出墙尺寸一致。

③木饰面油漆要求在工厂完成加工。

6) 油漆质量标准

(1) 主控项目

①溶剂型涂料涂饰工程所选用涂料的品种、型号和性能应符合设计要求。

②溶剂型涂料涂饰工程的颜色、光泽、图案应符合设计要求。

③溶剂型涂料涂饰工程应涂饰均匀、粘贴牢固,不得漏涂、透底、起皮和反锈。

④溶剂型涂料涂饰工程的基层处理应符合《建筑装饰装修工程质量验收标准》(GB50210—2018)第 12.1.5 条的要求:木材基层的含水率不大于 12%;基层腻子应平整、坚实、牢固,无粉化、起皮和裂缝。

(2) 一般项目

①色漆的涂饰质量和检验方法应符合质量验收标准的规定。

颜色:均匀一致;光泽、光滑:光泽均匀一致、光滑;刷纹:无刷纹;裹棱:不允许。

②清漆的涂饰质量和检验方法应符合《建筑装饰装修工程质量验收标准》(GB50210—2018)表 12.3.6 的规定:

颜色:均匀一致;木纹:棕眼刮平、木纹清楚;光泽、光滑:光泽均匀一致、光滑;刷纹:无刷纹;裹棱:不允许。涂层与其他装修材料和设备衔接处应吻合,界面应清晰。

7）示意图

（1）墙面直板木饰面安装示意图

项目名称	墙面工程	名称	墙面直板木饰面安装示意图
适用范围	室内干区	备注	通用

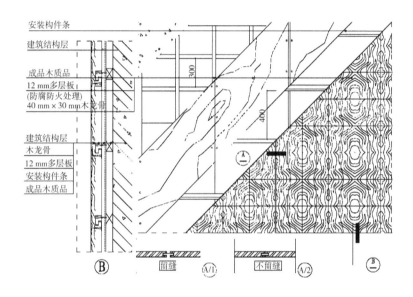

重点说明：

木饰面必须工厂加工、现场安装。

木皮厚度：平面应不低于 60 丝，造型及线条凹槽、卷边处按照实际施工情况而定，但不得低于 30 丝。

覆膜木饰面表面平整、侧光检查无橘纹现象。

基架需采用轻钢龙骨或木龙骨，木龙骨和夹板背面须进行防火、防潮处理。

木皮饰面背面必须刷防潮漆；覆膜饰面背面须完全包覆。

墙面阳角处需在工厂完成成品加工后现场安装。

（2）成品门套施工示意图 01

项目名称	墙面工程	名称	成品门套施工示意图 01
适用范围	各种轻质隔墙	备注	

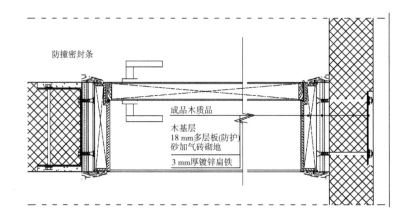

重点说明：

轻质墙体采用 U 形镀锌扁铁对穿螺栓固定，门框及门扇均按设计要求。现场复核尺寸后，工厂加工制作，现场成品安装。

门框基层采用 18 mm 多层板并做三防处理。

成品门套木皮厚度应不低于 60 丝，油漆需符合环保要求。

成品门套背面必须刷防潮漆或贴平衡纸。

房门均须配置门吸或门阻，安装位置根据现场实际情况确定。门套企口边嵌橡胶防撞条（颜色与木饰面相同）。

木制品制作工厂有浸蜡工艺的，要求在门套根部做蜡封处理（特别是有现场裁切的部位），处理长度不低于 200 mm。

（3）成品门套施工示意图 02

项目名称	墙面工程	名称	成品门套施工示意图 02
适用范围	砖、混墙体	备注	

重点说明：

门框及门扇均按设计要求，现场复核尺寸后，工厂加工制作。

门框基层采用 18 mm 多层板并做防火、防潮处理。

成品门套木皮厚度应不低于 60 丝，油漆需符合环保要求。

成品门套背面必须刷防潮漆或贴平衡纸。

门套内外门套线双面做收口，以使内外统一、美观。

房门均须配置门吸或门阻，安装位置根据现场实际情况确定。门套企口边嵌橡胶防撞条（色系与木饰面相同）。

木制品制作工厂有浸蜡工艺的，要求在门套根部做蜡封处理（特别是有现场裁切的部位），处理长度不低于 200 mm。

木基层板与门套侧面空隙应采用发泡剂填堵密实。

5. 马赛克饰面

1）适用范围

适用于室内墙、地面马赛克饰面的施工。

2）作业条件

（1）顶棚、墙柱面粉刷抹灰施工完毕；地面水泥砂浆找平已经完成。

（2）墙柱面暗装管线、线盒及门窗安装完毕，并经检验合格。

（3）安装好的窗台板、门窗框与墙柱之间缝隙用1∶2.5水泥砂浆堵灌密实（铝门窗边缝隙嵌塞材料应由设计确定）；铝门窗框应粘贴好保护膜。

（4）墙柱面清洁（无油污、浮浆、残灰等），影响马赛克铺贴的凸出墙柱面应凿平，过度凹陷的墙柱面应用1∶2.5水泥砂浆分层抹压找平（先浇水湿润后再抹灰）。

3）材料准备

（1）黏结剂：专用黏结剂。

（2）白水泥：专用填缝剂。

（3）陶瓷、玻璃锦砖（马赛克）品种、规格、花色按设计规定，并应有产品合格证。

4）施工工艺流程

（1）施工流程：基层处理→预排分格弹线→贴砖→润湿面纸→揭纸调缝→擦缝、清洗。

（2）预排锦砖（马赛克）、弹线

按照设计图纸色样要求，一个房间、一整幅墙柱面贴同一分类规格的砖块，砖块排列应自阳角开始，于阴角停止（收口）；自顶棚开始至地面停止（收口）；女儿墙、窗顶、窗台及各种腰线部位，顶面砖块应压盖立面砖块，以防渗水，引起空鼓。

排好图案变异分界线及垂直与水平控制线。垂直控制线间距一般以5块砖块宽度设一道为宜，水平控制线一般以3块砖块宽度设一道为宜。墙裙及踢脚线顶应弹置高度控制线。

（3）贴面

①待底子灰终凝后（一般隔天），重新浇水湿润，将水泥膏满涂贴砖部位，用木抹子将水泥膏打至厚度均匀一致（厚度以1～2 mm为宜）。

②用毛刷蘸水，将砖块表面灰尘擦干净，用塑料抹子把白水泥膏填满锦

砖(马赛克)的缝子(亦可把适量细砂与白水泥拌和成浆使用),然后贴上墙面;粘贴时要注意图案间花规律,避免搞错;砖块贴上后,应用塑料抹子着力压实使其粘牢,并校正。

(4) 润湿面纸

锦砖(马赛克)粘贴牢固后(约30分钟后),用毛刷蘸水,把纸面擦湿,将纸皮揭去。

(5) 揭纸调缝

检查缝子大小是否均匀、通顺,及时将歪斜、宽度不一的缝子调正并拍实。调缝顺序宜先横后竖进行。

(6) 擦缝

①清理干净揭纸后残留的纸毛及粘贴时被挤出缝子的水泥(可用毛刷蘸清水适当擦洗)。

②用白水泥将缝子填满,再用棉纱或布片将砖面擦干净至不留残浆为止。

5) 质量标准

(1) 主控项目

①材料品种、规格、颜色、图案必须符合设计要求,质量应符合现行有关标准规定。

②镶贴必须牢固,无空鼓、歪斜、缺楞、掉角和裂缝等缺陷。

(2) 一般项目

①表面:观察检查和用小锤轻击检查。

合格:基本平整、洁净、颜色均匀,基本无空鼓现象。

优良:平整、洁净、色泽一致,无变色、泛碱、污痕和明显的光泽受损,无空鼓现象。

②接缝:观察检查。

合格:填嵌密实、平直、宽窄均匀,颜色无明显差异。

优良:填嵌密实、平直、宽窄均匀,颜色一致,阴阳角处的板压向正确,非整砖使用部位适宜。

③套割:观察或尺量检查。

合格:突出物周围的砖套割基本吻合,其缝隙不超过3 mm;墙裙、贴脸等上口平顺,突出墙面的厚度基本一致。

优良:边缘整齐;墙裙、贴脸等上口平顺、突出墙面的厚度一致。

6) 施工注意事项

（1）避免工程质量通病

①空鼓：基层清洗不干净；抹底子灰时基层没有保持湿润；砖块铺贴时没有用毛刷蘸水擦净表面灰尘；铺贴时，底子灰面没有保持湿润，粘贴水泥膏不饱满和不均匀；砖块贴上墙面后没有用塑料抹子拍实或拍打不均匀；基层表面偏差较大，基层施工或处理不当。

②墙面脏：揭纸后没有将残留纸毛、粘贴水泥浆及时清干净；擦缝后没有将残留砖面的白水泥浆彻底擦干净。

③缝子歪斜，块粒凹凸：

a）砖块规格不一，且未经挑选分类使用；铺贴时控制不严，没有对好缝子，揭纸后没有调缝。

b）底子灰不够平整，粘贴水泥膏厚度不均匀，砖块贴上墙后没有用塑料抹子均匀拍实。

（2）成品保护

①门窗框上附着的砂浆应及时清理干净。

②施工过程中应避免碰撞墙柱面的粉刷饰面。

③对污染的墙柱面应及时清理干净。

6. 墙纸饰面

1）适用范围

适用于室内精装修的墙面墙纸饰面工程。

2）作业条件

（1）设备及小型工具提前备好：裁纸工作台一个、钢板尺（1 m 长）、墙纸刀、毛巾、水桶、小滚筒、刮板等。

（2）墙面抹灰完成，且经过干燥，含水率不高于 8%。

（3）门窗安装和木制品油漆已完成。

（4）水电及设备、顶墙预留埋件已完成安装。

（5）墙面清扫干净，如有凹凸不平、缺棱掉角或局部面层损坏，提前修补抹平抹直，并充分干燥；预制混凝土表面提前刮石膏腻子找平。

（6）如房间层高较高应提前准备好活动架；房间层高不高，应提前钉设木凳。

（7）将突出墙面的设备部件等卸下收好，待墙纸粘贴完后将其重新安装复原。

（8）大面积施工前应先做样板间，经鉴定符合要求后方可组织施工。

（9）墙纸铺贴前，室内窗扇已安装，具备可封闭条件。

3）材料准备

（1）墙纸胶：墙纸胶必须为无机物黏结剂。

（2）墙纸：

①塑料墙纸：以纸为底层，聚氯乙烯塑料为面层，经过复合、印花、压花等工序而制成。

②玻璃纤维贴墙布：是一种中碱性玻璃布，表面涂有耐磨树脂，印有彩色图案，室内使用不变色、不老化，防火、防潮性能好。

③无纺贴墙布：采用棉、麻等天然纤维或涤纶、腈纶等合成纤维，经过无纺成型、上树脂、印制彩色花纹而制成（不建议批量精装修项目使用）。

④纯纸浆墙纸：在特殊的耐热纸上直接印花压纹的墙纸或者直接套色印刷。

（3）黏结剂、嵌缝腻子、网格布等，根据基层需要提前备齐。

4）施工工艺流程

（1）施工流程：基层处理→计算用料、弹线→墙纸粘贴→修整清洁。

（2）基层处理

装修单位进场后，需与土建单位进行交接验收，如墙面是否存在空鼓，平整度、垂直度是否符合要求，曲尺是否满足装修施工要求；待土建整改修补完成，方可进行墙面施工。

轻质砌块墙体，在成品可控的情况下建议满铺 5 mm×5 mm 玻璃纤维网格布，采用专用薄层灰泥披刮，厚度不宜超过 3 mm，如图 7-5 所示。

  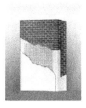 

网格布　　　　薄层灰　　　　泥工序展示　　　　施工现场

图 7-5　墙面基层处理

在墙面管线槽部位、砌体开裂部位，先采用专用界面剂处理，再用专用修补砂浆修补（轻质墙体的管线开槽必须采用机具切割，严禁手工开槽），并加强处理,如图 7-6 所示。

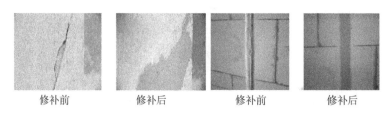

图 7-6　墙面修补

在薄层灰泥充分干燥后,开始批刮墙面批灰腻子。首先在墙体阴阳角部位,采用模型石膏粉腻子找方,找方完成后,再进行大面积批灰施工。

墙面批灰一般要求三遍。第一遍要求在批灰腻子中调入 10％清油,用打浆机搅拌均匀后披刮;第二层采用普通批灰腻子披刮,并用砂纸进行打磨,修正平整度和垂直度,达到横平竖直的要求,用 2 m 靠尺检查墙面平整度,塞尺检测不能超过 2 mm;第三次批灰主要是大面积的修整和阴阳角的顺直。每层批灰的厚度都不宜超过 2 mm,腻子层应坚实、牢固、不粉化、不起皮、不裂缝等。腻子层完成经监理单位和工程部验收后,才能进入下道工序,如图7-7所示。

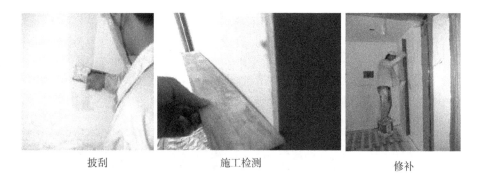

披刮　　　　　　　　施工检测　　　　　　　　修补

图 7-7　墙面批灰

墙面批灰完成后,要自然风干,腻子层含水率应小于 8％(放到抹灰工程中)。

墙纸铺贴须使用墙纸专用基膜。

注:考虑室内环保性,建议使用墙纸专用基膜。

（3）计算用料、弹线

提前计算顶、墙粘贴墙纸的张数及长度，并弹好第一张顶、墙面墙纸铺贴的位置线。

（4）墙面墙纸的粘贴

宜在墙上弹垂直线和水平线，以保证墙纸（布）横平竖直、图案正确，粘贴有依据。

按已量好的墙体高度放大 10～20 cm，按其尺寸裁纸，一般应在案子上裁割，将裁好的纸摺好待用。

如果采用的是塑料墙纸，由于塑料墙纸遇胶水会膨胀，因此要用水润湿墙纸，使其充分膨胀后再粘贴；如果采用的是玻璃纤维基材的墙纸（布）等，遇水无伸缩，则无需润纸。复合纸墙纸和纺织纤维墙纸也不宜润水。

裱贴墙纸（布）应采用墙纸胶或墙纸粉，禁止采用 107 或 820 胶水。

裱贴玻璃纤维墙布和无纺墙布时，背面不能刷胶黏剂，应将胶黏剂刷在基层清油上。因为墙布有细小孔隙，胶黏剂会印透表面而出现胶痕，影响美观。

裱贴的胶应涂在墙纸（布）或墙面中间，边缘 30～50 mm 处不宜涂胶，裱贴后，采用刮板赶压，不得留有气泡。接缝、边缘处挤出的胶应及时用干净的湿软布擦揩干净。如果边缘处有漏胶部位，须即时揭开补胶后刮平。

第一幅墙纸应先对准垂直线由上而下，自中间向四周进行赶压粘贴，与挂镜线或弹出的水平线相齐，拼缝到底压实后再刮大面。禁止在阳角处拼缝墙纸（布），要裹过阳角 20 mm 以上再拼接。

一般无花纹的墙纸，纸幅间缝可重叠 50 mm，用直钢尺压在接缝中间自上而下用墙纸刀切断；有图案花纹的墙纸，一般要将两幅墙纸图案花纹重叠对好，用刮板在接缝处压实，自上而下切割，将余纸切除。

墙纸贴好后应检查是否粘贴牢固，表面颜色是否一致，不得有气泡、空鼓、裂缝、翘边、皱折和斑污，阴阳角面要垂直挺括。1 000 mm 远斜视无明显接缝。

（5）修整、清洁

糊纸后应认真检查，对墙纸的翘边、翘角、气泡、皱折及胶痕等应及时处理和修整，使之完善；强制接缝处、墙纸与其他装饰材料交界处（如：门窗套、踢脚线上口、窗台等），应采用干净的浅色湿毛巾擦除多余胶水。

5）质量标准

（1）主控项目

①墙纸、墙布的种类、规格、图案、颜色和燃烧性能等级必须符合设计要求及国家现行标准的有关规定。

②裱糊工程基层处理质量应符合《建筑装饰装修工程质量验收标准》（GB50210—2018)第4.2.10条高级抹灰的要求。

③墙纸、墙布应粘贴牢固，不得有漏贴、补贴、脱层、空鼓和翘边。

（2）一般项目

①裱糊后的墙纸、墙布表面应平整，色泽应一致，不得有波纹起伏、气泡、裂缝、皱折及斑污，斜视时应无胶痕。

②复合压花墙纸的压痕及发泡墙纸的发泡层应无损坏。

③墙纸、墙布与各种装饰线、设备线盒应交接严密。

④墙纸、墙布边缘应平直整齐，不得有纸毛、飞刺。

⑤墙纸、墙布阴角处搭接应顺光，阳角处应无接缝。

6）成品保护

（1）墙纸裱糊完的房间应及时清理干净，不准做料房或休息室，避免污染和损坏。

（2）后续施工、安装电气和其他设备时，应注意保护墙纸，防止污染和损坏。

（3）铺贴墙纸时，必须严格按照规程施工，施工操作时要做到干净利落，边缝要切割整齐，胶痕必须及时清擦干净。

（4）墙纸铺贴完毕后24 h内不得开窗通风、使用空调。

（5）阳角处，应使用纸质成品阳角条进行保护，高度不得小于2 000 mm。

7）应注意的质量问题

（1）湿度较大的房间和经常潮湿的墙体不得采用墙纸。

（2）墙纸修补不得采用局部挖补法，应整幅更换。

（3）部分墙纸裱糊方向需依据墙纸厂家要求方向进行铺贴。

8）示意节点做法

墙纸施工示意如下。

项目名称	墙面工程	名称	墙面墙纸施工示意图
适用范围	室内分隔墙	备注	通用

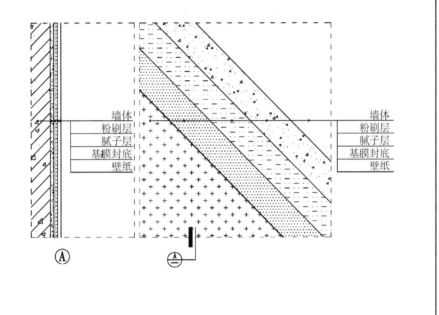

重点说明：
墙面批灰基层完成后需刷基膜两遍。
湿度较大的房间和经常潮湿的墙体不得采用墙纸。
墙纸修补不得采用局部挖补法，应整幅更换。
墙纸铺贴完成后 24 h 内不得通风开窗、开启空调。
注：严禁使用醇酸清漆。

7. 墙面软包饰面

1) 适用范围

适用于室内各类软包、硬包墙面装饰工程,如布艺(含锦缎)、皮革等面料。

注:高档精装修项目,建议采用专业分包,不宜装饰施工单位现场制作。

2) 作业条件

(1) 墙面软包基层已完成,基层做法参照木饰面基层要求。

(2) 水电及设备、顶墙上预留预埋件已完成安装。

3) 材料准备

(1) 软包外饰面用的压条、分格框料和木贴脸等面料,宜采用工厂加工的完成品,含水率不大于12%,厚度符合设计要求且外观没缺陷的材料,须经防腐处理。

(2) 辅料有防潮纸、乳胶、钉子(钉子长应为面层厚的2~2.5倍)、木螺丝、木砂纸、万能胶等。

(3) 罩面材料和做法必须符合设计图纸要求,并符合建筑室内装修设计防火的有关规定。

4) 施工工艺流程

(1) 施工流程:弹线→计算用料、套裁面料→粘贴面料→安装贴脸或装饰边线→刷镶边油漆→修整软包墙面。

(2) 弹线

根据设计图纸要求,把需软包饰面的造型分割线弹至墙面基层。

(3) 计算用料、套裁填充料和面料

一般做法有二种:一是直接铺贴法,此法操作比较简便,但对基层或底板的平整度要求较高;二是预制铺贴镶嵌法,此法有一定的难度,要求必须横平竖直、不得歪斜,尺寸必须准确等。需对拼块背面做定位标记以利于对号入座,然后按照设计要求进行用料计算和底衬(填充料)、面料套裁工作。

(4) 粘贴面料

如采取直接铺贴法施工,应待墙面基层装修基本完成、边框油漆达到交活条件,方可粘贴面料;如果采取预制铺贴镶嵌法,则不受此限制,可事先进行粘贴面料工作。首先按照设计图纸和造型的要求黏贴填充料(如泡沫塑料、聚苯板或矿棉、木条、五合板等),按设计用料(黏结用胶、钉子、木螺丝、电化铝帽头钉、铜丝等)把填充垫层固定在预制铺贴镶嵌底板上,然后把面料按照定位标记找好横竖坐标上下摆正,先把上部用木条加钉子临时固定,再把下端和两侧位置找好后,便可按设计要求粘贴面料。

(5) 安装贴脸或装饰边线

根据设计要求选择加工好的贴脸或装饰边线,待油漆刷好(达到交活条件),便可进行安装工作。经过试拼达到设计要求和效果后,将贴脸或装饰边线与基层固定和安装,最后修刷镶边油漆成活。

(6) 修整软包墙面

如软包墙面施工安排靠后,其修整工作比较简单;如果软包墙面施工插入较早,由于增加了成品保护膜,则修整工作量较大,例如除尘清理、钉粘保护膜的钉眼和胶痕的处理等。

5) 质量标准

(1) 主控项目

①软包墙面木框或底板所用材料的树种、等级、规格、含水率和防腐处理,必须符合设计要求和《木结构工程施工质量验收规范》(GB50206—2012)的规定。软包面料及其他填充材料必须符合设计要求,并符合建筑内装修设计防火的有关规定。

②软包木框构造做法必须符合设计要求,钉粘严密、镶嵌牢固。

(2) 一般项目

①表面面料平整,经纬线顺直,色泽一致,无污染。压条无错台、错位。同一房间同种面料花纹图案位置相同。

②单元尺寸正确,松紧适度,面层挺秀,棱角方正,周边弧度一致,填充饱满,平整,无皱折、无污染,接缝严密,图案拼花端正、完整、连续、对称。

6）示意节点做法

墙面软包饰面施工示意图

项目名称	墙面工程	名称	墙面软包饰面施工示意图
适用范围	墙面软包饰面工程	备注	通用

自攻螺丝或码钉固定
9 mm厚多层板垫块(50 mm×100 mm)软包(基层9 mm厚多层板)

软包(基层9 mm厚多层板)
9 mm厚多层板垫块(50 mm×100 mm)12 mm厚多层板
木龙骨
建筑结构层

重点说明：
设计时应考虑皮质软包的尺寸排版,单片尺寸不应大于 800 mm×800 mm。
软包板面不允许出现明显的钉印、折痕、褶皱。
注意调整工序和安装位置的匹配性。

7.3 顶棚工程

7.3.1 轻钢龙骨石膏板吊顶

1. 适用范围

适用于室内精装修吊顶采用轻钢龙骨骨架安装罩面板的顶棚安装工程。

2. 作业条件

1）建筑外墙施工完成后方可进行石膏板吊顶安装。外墙施工未完成或窗户未安装完毕前，不宜进行石膏板吊顶安装施工。

2）楼层内各类主要管线、空调、新风等顶面设施设备验收合格后，完成影像记录，方可进行石膏板吊顶安装。

3）接缝施工时现场温度应不低于5℃，也不能高于35℃。

3. 材料准备

1）安装前应核对材料品牌、规格型号，确保无误。

2）石膏板应干燥、平整，纸面完整无损。受潮、弯曲变形、板断裂、纸面起鼓的石膏板均不得使用。

3）轻钢龙骨应平整、光滑、无锈蚀、无变形。

4）嵌缝膏应干燥、未受潮、无板结。

4. 施工工艺流程

1）普通轻钢龙骨纸面石膏板施工工艺（示意图见图7-8）

（1）吊顶定位

①按照设计要求，在四周墙面上弹线，标出吊顶位置。

②在天花上弹线，标出吊杆的吊点位置。

（2）边龙骨安装

沿墙面安装边龙骨。

（3）承载（主）龙骨安装

①在天花上沿弹线安装吊杆，相邻两根吊杆间距采用900 mm。

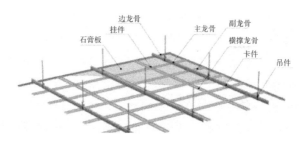

图 7-8　石膏板吊顶系统示意图

②承载主龙骨间距不应超过 1 200 mm，单层宜采用 900 mm，双层石膏板的须小于 900 mm。

③承载主龙骨中间部位应适当起拱，起拱高度应不小于房间短向跨的 0.5%。

④主龙骨端头离墙或挂板不得大于 100 mm；主龙骨端头离吊件悬挑不大于 300 mm。

⑤主龙骨搭接部位应错开设置。

（4）覆面（副）龙骨安装

①覆面龙骨间距采用 300 mm。

②覆面龙骨搭接部位应错开设置。

③覆面龙骨靠墙端可卡入边龙骨，或与边（木）龙骨用自攻螺丝固定。

（5）横撑龙骨安装

①根据顶面石膏板排版需要，应在覆面龙骨之间安装横撑龙骨。

②横撑龙骨间距采用 600 mm。

③横撑龙骨用挂件固定在覆面龙骨上，并用卡钳将挂件紧固。

（6）石膏板安装

①石膏板应从中间向四周逐一固定。

②相邻两张石膏板自然靠拢（留缝在 5 mm）。

③石膏板边应位于龙骨的中央，石膏板同龙骨的重叠宽度应不小于 20 mm。

④自攻螺丝应陷入石膏板表面 0.5～1 mm 深度为宜，不应切断面纸暴露石膏。

⑤自攻螺丝距包封边 10～15 mm 为宜，距切断边 15～20 mm 为宜。

⑥ 石膏板需错缝安装；安装时应注意将石膏板长度方向平行于主龙骨，防止石膏板受潮后出现波浪状变形。

⑦纸面石膏板周边钉距 150～170 mm,中间钉距不大于 200 mm。

⑧双层纸面石膏板安装时,第二层石膏板必须与第一层错缝安装;两层石膏板之间必须满涂白乳胶。

石膏板图片及规格见图 7-9、表 7-7。

防水石膏板图片　　　　　　　　普通石膏板图片

图 7-9　石膏板种类

表 7-7　石膏板的规格

厚度(mm)	宽度(mm)	长度(mm)
9.5	900/1 200/1 220	1 800/2 400/3 000/2 440
12	900/1 200/1 220	1 800/2 400/3 000/2 440
15	1 200/1 220	2 400/3 000/2 440
18	1 200/1 220	3 000/2 440

(7) 点锈处理

钉帽涂防锈漆,腻子掺防锈漆补平。

(8) 接缝处理

①石膏板安装完成后 24 h 方可进行接缝处理。

②将嵌缝膏填入板间缝隙,压抹严实,厚度以不高出板面为宜。

③待其固化后,再用嵌缝膏涂抹在板缝两侧石膏板上,涂抹宽度自板边起应不小于 50 mm。

④将接缝纸带贴在板缝处,用抹刀刮平压实,纸带与嵌缝膏间不得有气泡,为防止接缝开裂,增大接缝受力面,在接缝纸带的垂直方向采用长度为 200 mm 的短接缝纸带进行加固,间距不大于 300 mm。

⑤将接缝纸带边缘压出的嵌缝膏刮抹在纸带上,抹平压实,使纸带埋于嵌缝腻子中。

⑥ 用嵌缝膏将第一道嵌缝腻子覆盖,刮平,宽度较第一道腻子每边宽出至少 50 mm。

⑦用嵌缝膏将第二道嵌缝腻子覆盖,刮平,宽度较第二道腻子每边宽出

至少 50 mm。

⑧若遇切割边接缝,需将切割边裁成 V 字缝,每道嵌缝膏的覆盖宽度放宽 10 mm。

⑨ 待嵌缝膏凝固后,用砂纸轻轻打磨,使其同板面平整一致。

注:因材料品牌、性能不一,嵌缝膏的凝固时间、使用方法详见各厂家产品说明及要求。

2)卡式龙骨石膏板施工工艺

注:适用于高位吊顶。

工艺流程:弹线放样→固定卡式轻钢龙骨(间距不大于 600 mm、膨胀螺栓固定)→安装副龙骨(间距 400 mm)→面层铺装 12 mm 厚单层石膏板→自攻螺丝固定。

该工艺主要配件如图 7-10 所示,施工示意图见图 7-11。

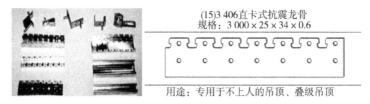

图 7-10 主要配件图

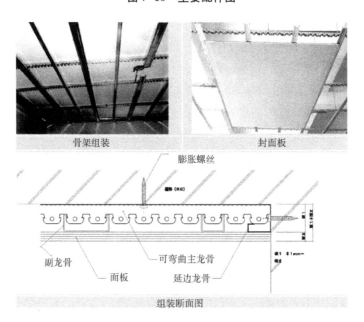

图 7-11 施工示意图

5. 示意图

1）叠级吊顶防开裂示意图

项目名称	顶棚工程	名称	叠级吊顶防开裂示意图
适用范围	室内吊顶	备注	

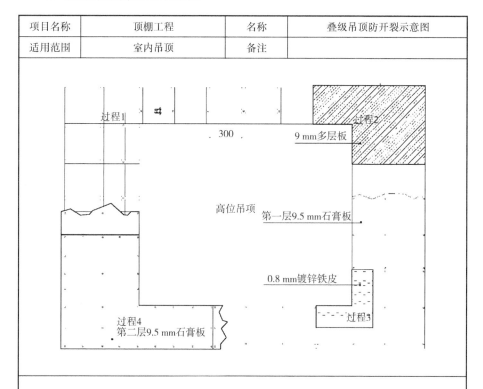

重点说明:

低位吊顶第一层石膏板转角处,副龙骨面用自攻螺丝固定 0.8 mm 镀锌铁皮作为拉结;转角部位第一层覆面材料采用 9 mm 多层板,整体裁成 L 形代替石膏板增加拉结强度;龙骨基架造型内口 200 mm 处增加横撑龙骨,用于固定 L 形 9 mm 多层板。

第一层石膏板与第二层石膏板之间需错缝铺贴,两层石膏板之间必须满涂白乳胶。

低跨造型的四个角采用 0.8 mm 镀锌铁皮做成 L 形铁片,采用卡钳固定,增加拉结强度、防止变形导致开裂。

副龙骨间距采用 300 mm,造型边框四角需增加斜撑龙骨。

2）窗帘盒木基层接口制作示意图

项目名称	顶棚工程	名称	窗帘盒木基层接口制作示意图
适用范围	室内吊顶造型挂板、假梁基础	备注	

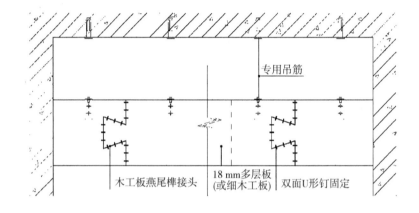

木工板燕尾榫接头	18 mm多层板 (或细木工板)	双面U形钉固定

专用吊筋

重点说明：
固定木基层结构的吊杆间距不大于 600 mm。
窗帘盒多层板（或细木工板）对接连接处需用燕尾榫进行连接，以增加窗帘盒的抗拉力，背面采用多层板加固，每段搭接长度不小于 200 mm，采用自攻螺丝固定。
多层板基层外无其他装饰材料施工的，需进行防火处理。
叠级吊顶高度超过大于等于 200 mm 的侧封板时，应设置燕尾榫。

3) 阴角槽施工示意图

项目名称	顶棚工程	名称	阴角槽施工示意图
适用范围	室内吊顶	备注	专用节点

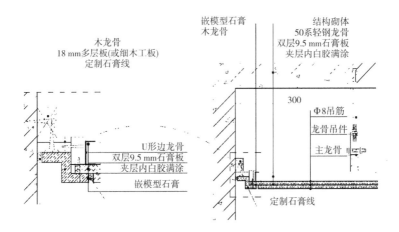

重点说明:
天花四周设计为凹槽,石膏板与墙面连接处定制石膏线安装收口,留5 mm缝内嵌模型石膏。

4）弧形暗光槽施工示意图

项目名称	顶棚工程	名称	弧形暗光槽施工示意图
适用范围	室内吊顶	备注	

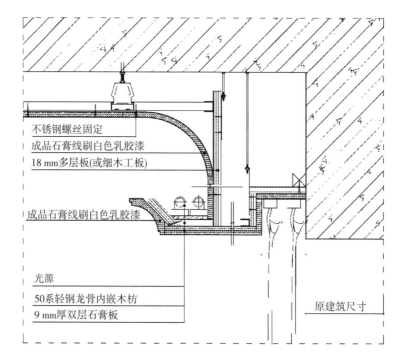

不锈钢螺丝固定
成品石膏线刷白色乳胶漆
18 mm多层板(或细木工板)

成品石膏线刷白色乳胶漆

光源
50系轻钢龙骨内嵌木枋
9 mm厚双层石膏板

原建筑尺寸

重点说明：
设计要求暗光灯槽内侧为弧形,其中弧形处需定制石膏成品线用纯石膏粉粘接安装,并用不锈钢自攻螺丝进行加固。

5）叠级吊顶暗光槽施工示意图

项目名称	顶棚工程	名称	叠级吊顶暗光槽施工示意图
适用范围	室内吊顶	备注	专用节点

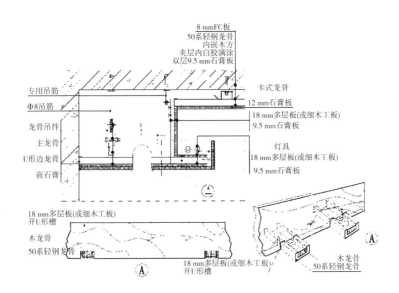

重点说明：
天花灯槽内侧板下口需与副龙骨做平，内侧板背面再用挂件固定，以增加灯槽的受力支撑。
灯槽外口与内口副龙骨内嵌木龙骨连接。
木基层需进行防火处理。
灯槽内应衬垫一层石膏板。

6）吊灯安装示意图 01

项目名称	顶棚工程	名称	吊灯安装示意图 01
适用范围	室内吊顶	备注	通用节点

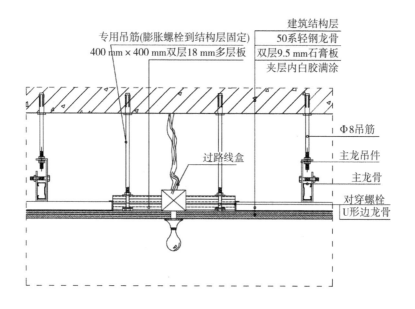

专用吊筋(膨胀螺栓到结构层固定)
400 mm×400 mm双层18 mm多层板

建筑结构层
50系轻钢龙骨
双层9.5 mm石膏板
夹层内白胶满涂

过路线盒

Φ8吊筋
主龙吊件
主龙骨
对穿螺栓
U形边龙骨

重点说明：
需安装轻型吊灯的部位,应预设双层 400 mm×400 mm 的 18 mm 多层板,板面与龙骨面齐平(多层板须采用 Φ8 膨胀螺栓固定在结构楼板底面,并与吊顶龙骨固定连接)。
多层板朝下一面对穿螺栓的开孔深度,以能够将螺栓帽埋入即可;不允许超过一层板的深度,否则会变成单层板受力,影响承重。
板中心开孔宜为 30 mm 圆孔。

7）吊灯安装示意图 02

项目名称	顶棚工程	名称	吊灯安装示意图 02
适用范围	室内吊顶	备注	通用节点

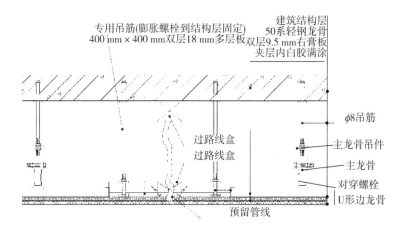

重点说明：

需安装轻型吊灯的部位，应预设双层 400 mm×400 mm 的 18 mm 多层板，板面与龙骨面齐平（多层板须采用 Φ8 膨胀螺栓固定在结构楼板底面，并与吊顶龙骨固定连接）。

石膏板吊顶部位灯位处预装接线盒，统一按装修要求完成装饰面，并用美纹纸画十字交叉线精确标示出灯线位置，一方面考虑业主日后灯具安装方便，另一方面若业主无需装灯，撕掉美纹纸即可，不必对装修造成破坏或修补。

多层板朝下一面对穿螺栓的开孔深度，以能够将螺栓帽埋入即可；不允许超过一层板的深度，否则会变成单层板受力，影响承重。

板中心开孔宜为 30 mm 圆孔。

吊灯基座与龙骨分离。

8）吊灯安装示意图 03

项目名称	顶棚工程	名称	吊灯安装示意图 03
适用范围	室内吊顶	备注	专用节点

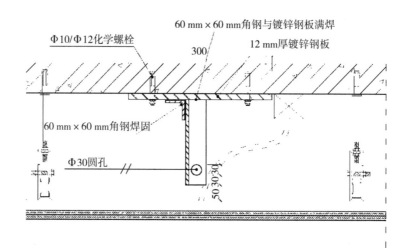

重点说明：

当灯具重量超过 75 kg 时，必须采用上图增加预埋铁板和角钢挂钩的做法，铁板固定要求不少于 4 颗 Φ10 的化学螺栓；超过 150 kg 时，应要求不少于 4 颗 Φ12 的化学螺栓固定挂钩，并应对连接件、结构楼板（或梁）进行受力计算后方可实施。

石膏板不开孔，并用美纹纸画十字交叉线精确标示出灯线位置，一方面考虑业主日后灯具安装方便，另一方面若业主无需装灯，撕掉美纹纸即可，不必对装修造成破坏或修补。

9）空调风口安装示意图(侧出底回)

项目名称	顶棚工程	名称	空调风口安装示意图(侧出底回)
适用范围	室内吊顶	备注	

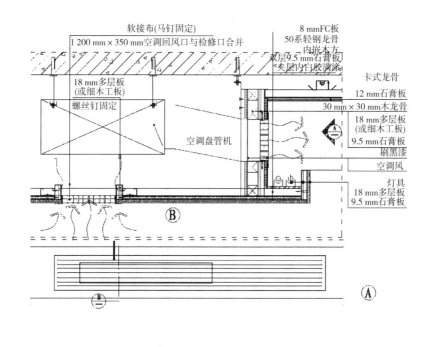

重点说明：
空调回风口、出风口、换气扇等处要求设置木边框,木边框宽度不小于50 mm,以便于风口及设施安装。
空调出回风百叶的尺寸须根据机电安装单位风量计算。
由于此节点做法会影响空调在制热运转时的出风效果,无地热的项目不宜使用此节点做法。

10）空调风口安装示意图

项目名称	顶棚工程	名称	空调风口安装示意图
适用范围	室内吊顶	备注	

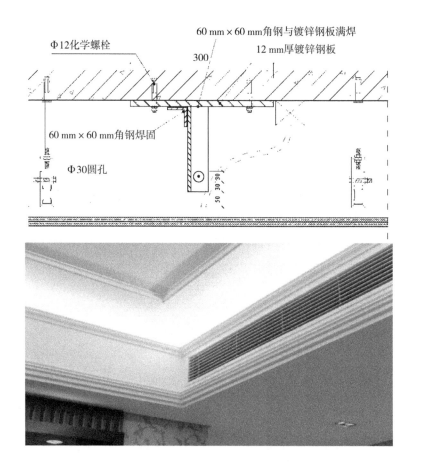

重点说明：
空调回风口、出风口、换气扇等处要求设置木边框，以便于风口及设施安装。
空调出回风百叶的尺寸须根据机电安装单位风量计算。

11) 空调风口安装示意图(下进侧出)

项目名称	顶棚工程	名称	空调风口安装示意图(下进侧出)
适用范围	室内吊顶	备注	

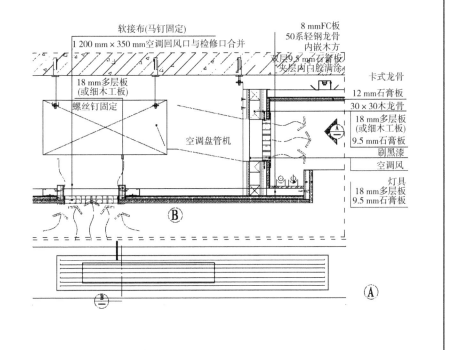

重点说明:
空调回风口、出风口、换气扇等处要求设置木边框,以便于风口及设施安装。
空调出回风百叶的尺寸须根据机电安装单位风量计算,出回风口的间距须符合空调性能要求。
空调回风口应加长与检修口二合一。

12）吊顶伸缩缝施工节点

项目名称	顶棚工程	名称	吊顶伸缩缝施工节点
适用范围	公共部位、走廊	备注	

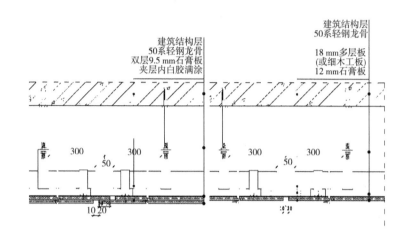

建筑结构层
50系轻钢龙骨
双层9.5 mm石膏板
夹层内白胶满涂

建筑结构层
50系轻钢龙骨
18 mm多层板
(或细木工板)
12 mm石膏板

300   300

50

10 20

300   300

50

10 20

重点说明：
吊顶单边距离超过 12 m 应设置伸缩缝。
双层石膏板天花需留 10～20 mm 缝，交接长度为 30～50 mm，伸缩缝边沿至吊筋间距不大于
300 mm。
单层石膏板吊顶上衬细木工板(防火处理)与边龙骨连接，下口留 10～20 mm 缝。
石膏板吊顶跨度大于 4 m 时应起拱，起拱高度 1%～3%。

7.3.2 金属板吊顶

1. 适用范围

适用于室内精装修厨房、卫生间、阳台及公共部位地下室连廊等部位的吊顶装饰工程。

2. 作业条件

1）检查材料进场验收记录和复验报告。

2）吊顶内的管道、设备安装完成；饰面安装前，上述设备应检验、试压验收合格。

3. 材料准备

1）轻钢龙骨分为 U 形龙骨、卡式龙骨、三角龙骨、T 形龙骨等。

2）按设计要求选择合适的金属罩面板，其材料品种、规格、质量应符合设计要求和国家现行有关标准规定。

4. 施工工艺流程

1）弹顶棚标高水平线、划龙骨分档。

2）固定吊挂杆件。

3）安装主、副龙骨。

4）安装罩面板。

5. 质量标准

1）金属板的吊顶结构必须符合基层工程有关规定。

2）吊顶用金属板的材质、品种、规格、颜色及吊顶的造型尺寸，必须符合设计要求和国家现行有关标准规定。

3）金属板与龙骨连接必须牢固可靠，不得松动变形。

4）设备口、灯具的位置应布局合理，按条、块分格对称，确保美观；套割尺寸准确，边缘整齐，不露缝；排列顺直、方正。检验方法：观察、手扳、尺量检查。

5）建议金属板吊顶分包给专业单位施工。

6. 成品保护

1) 安装轻钢骨架及罩面板时应注意保护顶棚内各种管线。轻钢骨架的吊杆、龙骨不得固定在通风管道及其他设备上。

2) 轻钢骨架、罩面板及其他吊顶材料在入场存放、使用过程中应严格管理，保证不变形、不受潮、不生锈。

3) 顶棚施工时应注意保护好已安装的门窗，已施工完毕的地面、墙面、窗台等，防止污损。

4) 已装轻钢骨架不得上人踩踏。其他工种吊挂件，不得吊于轻钢骨架上。

5) 罩面板安装必须在顶棚内管道、试水、保温、设备安装调试等一切工序全部验收合格后进行。

6) 安装装饰面板时，施工人员应戴手套，以防污染板面。

7. 示意图

暗架式铝板吊顶示意图

项目名称	顶棚工程	名称	暗架式铝板吊顶示意图
适用范围	厨房、卫生间、阳台及公共部位地下室连廊	备注	通用节点

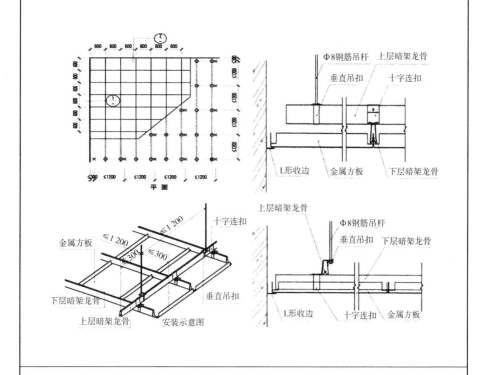

重点说明：
选择 500 mm×500 mm 及以上规格的饰面金属板时材料厚度不低于 1.2 mm。
建议项目选择暗装龙骨吊顶。

7.3.3 轻钢龙骨矿棉板吊顶

1. 适用范围

主要适用于宾馆、饭店、剧场、商场、办公场所、播音室、演播厅、计算机房及工业建筑等室内精装修吊顶工程。

2. 材料准备

1）轻钢龙骨分 U 形龙骨和 T 形龙骨（T 形龙骨一般是铝龙骨）。

2）轻钢骨架主件为主、次龙骨；配件有吊挂件、连接件、插接件。

3）零配件有吊杆、膨胀螺栓、铆钉。

4）按设计要求选择合适的矿棉板，其材料品种、规格、质量应符合设计要求和国家现行有关标准规定。

3. 施工工艺流程

1）施工流程：弹线→安装吊杆→安装主龙骨→安装副龙骨→起拱调平→安装矿棉板。

2）根据设计图纸先在墙上、柱上弹出顶棚标高水平墨线，在顶板上画出吊顶布局，确定吊杆位置，采用 Φ8 膨胀螺栓在顶板上固定，吊杆采用 Φ6 螺杆加工。

3）根据设计吊顶标高安装主龙骨，定位后调节吊挂，再根据板的规格确定中、小龙骨位置，中、小龙骨必须和主龙骨底面贴紧，安装垂直吊挂时应用钳子夹紧，防止松紧不一。

4）主龙骨间距一般为 1 200 mm，龙骨接头相邻位置需错开设置，主龙吊相邻位置也需错开设置，避免主龙骨向一边倾斜。将吊杆上的螺栓上下调节，保证一定起拱度，按照房间短向跨度起拱 0.5%，待水平调整完成后，逐个拧紧螺帽，开孔位置处主龙骨需单独加固。

5）施工过程中注意各工种之间的配合，待顶棚内的风口、灯具、消防管线等施工完毕，并通过隐蔽工程验收后方可安装面板。

6）矿棉板安装：注意矿棉板的表面色泽必须符合设计要求，矿棉板的几何尺寸需进行核定，偏差在 ±1 mm 以内，安装时注意对缝尺寸。

4. 质量标准

1）主控项目

（1）吊顶标高、尺寸、起拱和造型应符合设计要求。

（2）饰面材料的材质、品种、规格、图案和颜色应符合设计要求。

（3）吊杆、龙骨的材质、规格、安装间距及连接方式应符合设计要求。

2）一般项目

（1）饰面材料表面应洁净、色泽一致，不得有翘曲、裂缝及缺损。压条应平直、宽窄一致。

（2）饰面板上的灯具、烟感器、喷淋头、风口等设备的位置应合理、美观，与饰面板的交接应吻合、严密。

（3）矿棉板吊顶工程安装的允许偏差和检验方法应符合《建筑装饰装修工程质量验收标准》（GB50210—2018）表 7.3.10 的规定。表面平整度：3 mm；接缝直线度：3 mm；接缝高低差：2 mm。

5. 应注意的质量问题

1）吊顶不平：主龙骨安装时吊杆调平不到位，造成各吊杆点的标高不一致；施工时应认真操作，检查各吊点的紧挂程度，并拉通线检查标高与平整度是否符合设计要求和规范标准的规定。

2）轻钢骨架局部节点构造不合理：吊顶轻钢骨架在留洞、灯具口、通风口等处；应按图纸上的相应节点构造设置龙骨及连接件，使构造符合图纸上的要求，保证吊挂的刚度。

3）轻钢骨架吊固不牢：顶棚的轻钢骨架应吊在主体结构上，并应拧紧吊杆螺母，以控制固定设计标高；顶棚内的管线、设备件应单独设支架或吊杆，不得吊固在轻钢骨架上。

4）罩面板分块间隙缝不直：罩面板规格有偏差，安装不正；施工时注意板块规格，拉线找正，安装固定时保证平整对直。

5）矿棉板吊顶要注意板块的色差，防止颜色不均的质量弊病。

6）矿棉板在安装过程中，应保持板面的洁净，不得有污染。

7.4 地面工程

7.4.1 地面铺石材

1. 适用范围

适用于精装修地面石材铺贴工程。

2. 作业条件

1）石材进场后，应侧立堆放于室内，底部应加垫木块，并详细核对石材的品种、规格、数量、质量等是否符合设计要求，有断裂、缺棱掉角的不得使用。需要切割钻孔的板材要在安装前加工好，石材需安排在场外加工。

2）室内抹灰、水电设备管线等均已完成，有防水要求的部位，防水工程已完成并经验收合格；房内四周墙上弹好水平线。

3）施工前，石材应按照排版图的编号进行对应试铺。

4）有暗裂纹、质地较疏松的大理石在铺贴前应在工厂铲除背面网格布，再进行喷砂处理，喷砂厚度不小于 3 mm，喷砂应采用石英砂，禁止使用海砂及河砂，干燥后做五面防护工作，石材表面防护剂宜采用水性防护剂。

5）无暗裂纹、质地致密的石材为防止铺贴后产生空鼓和泛碱，铺贴前应要求在工厂做背胶加固处理，并涂刷石材防护剂（水性），铺贴前应用专用锯齿状批刀在石材背面刮一层黏结剂，晾干后再刮一层黏结剂进行铺贴；浅色石材应采用白色黏结剂进行铺贴，黏结剂为石材专用黏结剂。

3. 材料准备

1）石材经现场放样，图纸确认后，由石材厂加工成成品，其品种、规格、质量应符合设计和施工规范要求。

2）水泥：强度等级为 32.5 的普通硅酸盐水泥或矿渣硅酸盐水泥，如果铺设的为浅色石材，须准备白水泥白色珍珠岩。

3）砂：中砂或粗砂（砂以金黄色为最佳，忌用含泥量大的黑砂），含泥量＜3％；过 8 mm 孔径的筛子。

4）石材表面防护剂（建议采用水性防护剂）。

5）黏结剂：石材专用黏结剂。

4. 施工工艺流程

1）施工流程：基层清理→弹线→试拼→试排→铺砂浆→铺石材→成品保护→晶面处理。

注：阳台、卫生间、厨房间等有防水要求的部位，地面石材施工不得采用干铺法工艺。

2）基层清理：将铺贴石材区域的地面基层清扫干净并洒水湿润，扫素水泥浆一遍。

3）弹线：在房间的主要部位弹出互相垂直的控制十字线，用建筑线拉出完成面控制线。

4）试拼：在正式铺设前，对石材（或花岗石）板块，应按标号进行试拼，检查石材颜色、纹理、尺寸是否吻合，然后按编号堆放整齐。

5）试排：在房内的两个相互垂直的方向，铺两条干砂，其宽度大于板块，厚度不小于 3 cm；根据图纸要求把石材板块排好，以便检查板块之间的缝隙，核对板块与墙面、柱、洞口等的相对位置。

6）铺砂浆：根据水平线，定出地面找平层厚度做灰饼定位，拉十字线，铺找平层水泥砂浆，找平层一般采用 1：3 的干硬性水泥砂浆，干硬程度以手捏成团不松散为宜；砂浆从里往门口处摊铺，铺好后刮大杠、拍实，用抹子找平，其厚度适当高出根据水平线定的找平层厚度。

7）铺石材：一般房间应先里后外进行铺设，即先从远离门口的一边开始，按照试拼编号，依次铺砌，逐步退至门口。在铺好的干硬性水泥砂浆上先试铺合适后，翻开石板，在水泥砂浆上浇一层水灰比 0.5 的素水泥浆（如果是浅色石材，采用白水泥或石材黏结剂），然后正式镶铺；安放时应一边着地轻轻放下石材，用铁抹子插入石材板缝调节缝隙；橡皮锤或木锤轻击木垫板（不得用木锤直接敲击石材板），根据水平线用水平尺找平，铺完第一块向两侧和后退方向按顺序镶铺，如发现空隙应将石板掀起用砂浆补实再行铺设。有地热项目的地面石材铺贴，板缝间距应不小于 1.5 mm，开缝深度不少于石材厚度。

8）晶面处理：要求专业厂家进行抛光处理。部分石材特别是吸水率高的大理石，应该进行石材晶面处理。根据实际情况请专业厂家处理（不同的石材应采用不同的晶面材料和工艺）。

5. 质量标准

1) 主控项目

(1) 石材面层所用板块的品种、规格、颜色和性能应符合设计要求。

(2) 石材铺贴不得有空鼓。

(3) 石材板块不得有贯穿性断裂。

2) 一般项目

(1) 石材面层的表面应洁净、平整、无磨痕,且应图案清晰、色泽一致、接缝均匀、周边顺直、镶嵌正确,板块无裂纹、掉角、缺棱等缺陷。

(2) 石材面层的允许偏差应符合质量验收标准的规定,主要控制数据如下:

表面平整度:2 mm;缝格平直:3 mm;接缝高低:0.5 mm;踢脚线上口平直:3 mm;板块间隙宽度:2 mm(房间长度方向4 500 mm以内为1 mm;以上不得小于1.5 mm;有地热项目的地面石材铺贴,板缝间距不小于2 mm)。

6. 石材六面防护注意事项

石材的防护必须待石材的水分干透后方可涂刷,如水分还未干透,工期紧的情况下,可先刷除正面外的五面防护剂,正面防护在晶面处理时同步完成。

石材防护剂的涂刷如处理不当,易将石材内水分封闭,造成后期晶面处理后出现水影,一旦形成水影就非常难处理和修复。

7. 石材晶面处理

1) 石材晶面处理主要消耗材料

(1) 主要材料:K1、K2、K3、K5水晶剂,二合一晶面剂,晶面粉。

(2) 其他材料:清洁剂、云石胶。

2) 石材晶面处理主要机械设备和工具

切割机、打磨机(局部需用手工打磨机)、擦地机、吸水机、多功能洗地机、吹干机、红色百洁垫、白色抛光垫、水桶、地拖、小抹子、抹布、墙纸刀片等。

3) 施工条件

(1) 对墙面踢脚线部位,落地卫生洁具等需做好有效的成品保护措施。

(2) 木饰面安装前应完成石材的粗磨、中磨工作。

4）操作流程

（1）施工程序：地面清理→石材缝隙云石胶修补→整体地面研磨→地面干燥→石材面防护→地面晶面处理（K2、K3 药水）→整体地面养护处理（K1 药水）→地面清理养护。

（2）地面清理：进行石材地面晶面处理之前，用台式切割机或角向磨光机对石材的铺贴缝逐一进行开槽，深度宜为石材的厚度（一般 20 mm）。然后对地面进行整体的清理，用地拖清理干净，确保地面无沙粒、杂质。

（3）石材缝隙云石胶修补：用云石胶对每块石材表面的毛细孔洞进行修补，石材之间的缝隙用小抹子刮云石胶进行修补、嵌平，再用小块干净抹布对完成部分逐块进行清洁，云石胶应采用进口胶，颜色调制应与石材基本一致。

（4）整体地面研磨：待云石胶干燥后，进行整体研磨。使用多功能洗地机对整体地面进行打磨。整体横向打磨，重点打磨石材间的嵌缝胶处（石材之间的对角处）以及靠近墙边、装饰造型、异型造型的边缘处，保持整体石材地面平整；完成第一遍的打磨后重新进行云石胶嵌缝，嵌缝完成继续进行第二次打磨。再用打磨机配上金钢石水磨片由粗到细，从 150 目→300 目→500 目→1 000 目→1 500 目→2 000 目→3 000 目，共需完成 7 次打磨，最终地面整体平整、光滑，再采用钢丝棉抛光，确保石材之间无明显缝隙。整个打磨过程中，应一边打磨，一边及时用吸水机将石材研磨的浆水抽走。

（5）地面干燥：用吹干机对整体石材地面进行干燥处理。若工期允许，可采用自然风干。

（6）石材面防护：采用油性防护剂对石材表面进行批刮两遍，第一遍完成后 3 h 进行第二遍，完成后养护至少 48 h，再进行晶面处理。

（7）环氧树脂胶批刮工艺：对质地较疏松、毛孔较多的大理石，在防护完成后挂一道环氧树脂水晶胶，起到固化表面、封闭毛孔的作用。

（8）地面晶面处理：地面边洒 K2、K3 药水，边使用多功能洗地机转磨，使用清洗机配合红色百洁垫，将 K2、K3 药水配合等量的水洒到地面，使用 175 转/分钟擦地机负重 45 kg 研磨，热能的作用使晶面材料在石材表面晶化形成表面结晶。

（9）整体地面养护处理：用洗地机在地面交替完成 K2、K3 药水转磨，即 K2→K3→K2→K3→K2 共五遍，再换上白色抛光垫，喷上少量的 K1 药水，重新抛磨一次，以此增加整个地面的晶面硬度。

（10）地面清理养护：使用抛光垫抛光，使整个地面完全干燥，晶面亮度达到95％以上。

（11）保护：晶面完成后原则上不允许再有任何的施工作业，若必须进入施工，应做好成品保护，用柔软、干净、干燥的地毯铺在施工作业面和行走通道内进行有效保护。

8．示意图

1）室内普通地面石材施工示意图

项目名称	地面工程	名称	室内普通地面石材施工示意图
适用范围	客厅、餐厅、电梯厅、走道	备注	

石材地面
石材专用黏结剂
水泥砂浆结合层
素水泥捣浆处理
建筑结构层

石材地面
石材专用黏结剂
水泥砂浆结合层
素水泥捣浆处理
建筑结构层

重点说明：
需采用石材专用黏结剂铺贴。
砂严禁使用海砂；浅色石材在做一层石材黏结剂的防护层后可用普通硅酸盐水泥砂浆直接粘贴。
石材需在工厂做六面防护，石材六面防护须纵横各一遍，待第一遍防护干了以后开始刷第二遍防护，干后铺贴；大理石应在工厂铲除背后网格布进行背胶加固处理后进行五面防护（湿贴石材应采用水性防护材料涂刷，厨房及卫生间地面等易受油污及腐蚀的石材需用油性防护剂涂刷）。
石材面层铺贴前应用专用锯齿状批刀在石材背面刮一层黏结剂，晾干后再刮一层黏结剂进行铺贴。
浅色石材应采用白色石材专用黏结剂。

2）室内厨房地面石材施工示意图

项目名称	地面工程	名称	室内厨房地面石材施工示意图
适用范围	室内无地热设施的厨房	备注	

重点说明：

深色石材采用强度等级为32.5的普通硅酸盐水泥混合中砂或粗砂（含泥量不大于3%），按1：3配比；浅色系列石材采用强度等级为32.5的白水泥砂浆掺白石屑，按1：3配比。

石材需做六面防护，石材六面防护须纵横各一遍，待第一遍防护干了以后开始刷第二遍防护，干后铺贴；大理石应先铲除背后网格布后进行六面防护。

石材面层铺贴前应用专用锯齿状批刀在石材背面刮一层黏结剂，晾干后再刮一层黏结剂进行铺贴。

浅色石材应采用白色石材专用黏结剂。

3）阳台地面石材施工示意图

项目名称	地面工程	名称	阳台地面石材施工示意图
适用范围	室外阳台、露台、卫生间、淋浴房	备注	

装饰完成面
专用黏结剂
细石砼找平层
素水泥捣浆处理
防水层
建筑结构层

装饰完成面
专用黏结剂
细石砼找平层
素水泥捣浆处理
防水层
建筑结构层

重点说明：
地面基层需用细石砼进行找平，并做找坡处理，找坡率 0.3‰～0.5‰。
石材（砖）铺贴时应先用专用锯齿状批刀在背面刮专用黏结剂再进行铺贴，黏结层厚度约 10 mm。

4）地面地漏安装示意图

项目名称	地面工程	名称	地面地漏安装示意图
适用范围	室外阳台、露台、卫生间、洗衣房	备注	

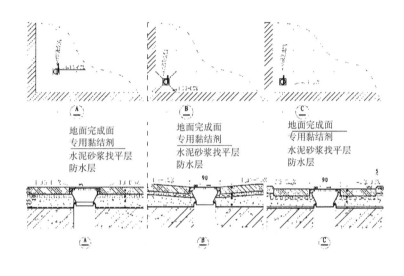

重点说明：
地漏定位需提前做好地面排版，实地放线，尽量设置在靠近下水管处。
地漏、排水管口径需符合排水流量要求，排水管需设置 P 弯。
地面找坡符合排水要求，找坡率 0.3％～0.5％。
露台面积大于 6 m² 或长度超过 4 m，阳台面积大于 8 m² 或长度大于 5 m 时，应设置双地漏。
建筑室内外高差较小的，建议露台设排水地沟。

5) 卫生间地漏施工示意图

项目名称	地面工程	名称	卫生间地漏施工示意图
适用范围	阳台、露台、卫生间、淋浴房、洗衣房等	备注	

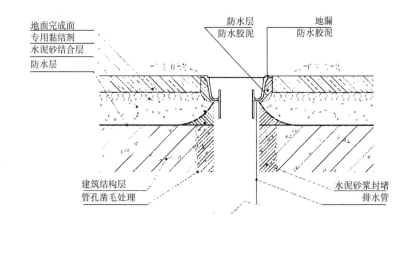

重点说明：

楼板开孔须大于排水管管径 40～60 mm,孔壁须进行凿毛处理。须用专用模具支撑,浇捣须用细石砼(加膨胀剂)分二次以上封堵浇捣密实。

地漏的排水管口标高应根据地漏型号确定,使排水管与地漏连接紧密。

地漏安装时周边的砂浆应填充密实。

地漏、排水管口径需符合排水流量要求,排水管需设置 P 弯。

6) 移门淋浴房石材施工示意图

项目名称	地面工程	名称	移门淋浴房石材施工示意图
适用范围	卫生间	备注	

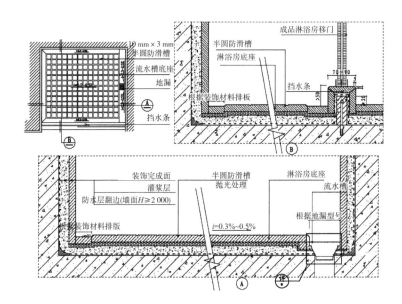

重点说明：

淋浴房挡水条须按设计图纸要求现场弹线，结构楼面预植 Φ6 圆钢，间距不大于 300 mm，在顶端处焊接 Φ6 圆钢连接，制模浇捣翻边，翻边处地面及墙体两侧应预先凿毛，采用细石砼（瓜子片）浇捣，挡水翻边与墙体交接处伸入墙体 20 mm，并与地面统一做防水处理。

淋浴房混凝土翻边高度须高于卫生间地面完成面 20 mm 以上。

铣槽淋浴房地面石材应选用密实性较高石材，厚度 20 mm 以上，防滑槽上口须做小圆角，并抛光处理。

挡水条与墙面交接处须用环氧树脂胶或塑钢土嵌实，地沟宽度应根据地漏规格确定。

淋浴房石材须采用湿铺工艺铺贴，禁止干铺。

7）开门淋浴房石材施工示意图

项目名称	地面工程	名称	开门淋浴房石材施工示意图
适用范围	卫生间	备注	

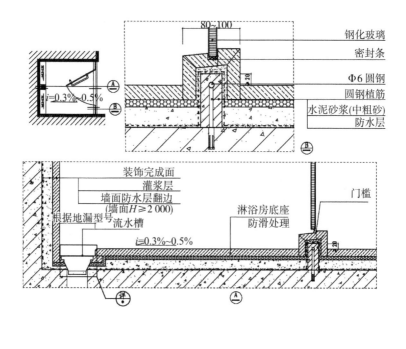

重点说明：

淋浴房挡水条须按设计图纸要求现场弹线，结构楼面预植 Φ6 圆钢，间距不大于 300 mm，在顶端处焊接 Φ6 圆钢连接，制模浇捣翻边，翻边处地面应预先凿毛，采用细石砼（瓜子片）浇捣，挡水翻边与墙体交接处应伸入墙体 20 mm，并与地面统一做防水处理。

挡水条靠淋浴房侧须做企口及倒坡。

淋浴房混凝土翻边高度须高于卫生间地面完成面 20 mm 以上。

地沟宽度应根据地漏规格确定，淋浴房石材须用湿铺工艺铺贴，严禁干铺。

8) 楼梯地面石材饰面示意图

项目名称	地面工程	名称	楼梯地面石材饰面示意图
适用范围	室内外楼梯	备注	

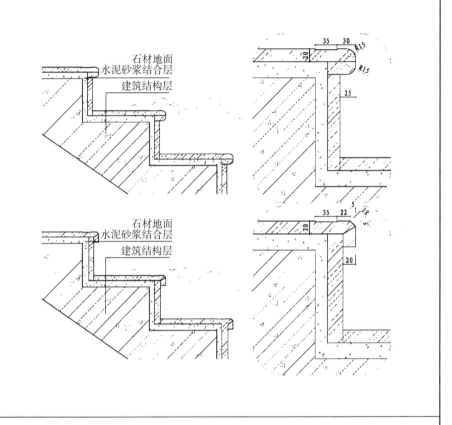

重点说明：
大理石楼梯施工需按设计图纸要求现场弹线,线型及防滑条的形式需按设计要求施工。
深色石材采用强度等级为 32.5 的普通硅酸盐水泥混合中砂或粗砂(含泥量不大于 3%)1：3 配比。
浅色系石材采用强度等级为 32.5 的白水泥砂浆掺白石屑(含泥量不大于 1%)1：3 配比。
注:注意设置防滑条。

7.4.2 实木复合地板地面

1. 适用范围

适用于室内精装修非地下室部位的地面工程。

2. 作业条件

1) 地板安装必须在整个精装修工程的最后阶段完成,避免因交叉施工造成地板漆面损伤。

2) 施工要点:条形木地板的铺设方向应考虑施工方便、牢固和美观的要求。对于走廊、过道等部位,应顺着行走的方向铺设;而室内房间,地板长度方向宜顺光线安装。

3) 超过 6 m×6 m 的室内空间在铺设地板时要增设伸缩缝。

3. 材料准备

1) 面层材料

(1) 材质:宜选用耐磨、纹理清晰、有光泽、耐朽、不易开裂、不易变形的国产优质复合木地板,厚度应符合设计要求。

(2) 规格:条形企口板。

(3) 拼缝:企口缝。

2) 基层材料

(1) 夹板(18 mm),环保、防潮性好、板材各层结合牢固。

(2) 泡沫防潮垫。

(3) 普通防潮膜。

4. 施工工艺流程

1) 施工流程:基层清理→弹线→垫片铺设→铺设防潮基层板→验收、加固→铺设防潮垫→地板进场堆放→选板试铺→铺设木地板→成品保护。

2) 施工单位进场后,按 1 m 线复核建筑地坪平整度;地板基层铺设前,须放线定位。

3) 找平垫块的夹板必须要干燥,含水率小于等于当地平均湿度。找平垫块不小于 100 mm×100 mm,间距中心为 300 mm×300 mm,垫块用水泥钢钉四角固定。

4）18 厘防水基层板背面满涂三防涂料(防霉、防虫、防潮)，规格为 600 mm×1 200 mm，作 45°，(与地板铺贴形成 45°)工字法斜铺于找平垫块上，用"美固钉"固定(夹板之间应留有 5 mm 的间隙)。

5）完成基层板铺设后，场地清理干净；伸缩缝处粘贴包装胶带纸封闭，彩条塑料布满铺，周边用木条固定保护。

6）基层板铺设完成后须经监理、业主工程师验收合格方能进入下一道施工工序。须检查基层夹板牢度和平整度，如果踩踏有响声，须局部采用美固钉加固；平整度用 2 m 靠尺检查，高低差应控制在 2 mm 范围内。

7）地板安装前应将原包装地板先行放置在需要安装的房子里 24 h 以上，地板要开箱，使地板更适应安装环境。地板需水平放置，不宜竖立或斜放。

8）地板铺装前，拆除基层彩条布保护，清扫干净，铺装珍珠防潮薄膜。薄膜拼接处用胶带纸黏合，以杜绝水分侵入。

9）地板铺装时，地板与四周墙壁间隔 10 mm 左右的预留缝，地板之间接口处可用专用防水地板胶或直钉固定。为有效解决地板变形问题，有条件的情况下建议在地板与四周墙壁 10 mm 预留缝处设置弹簧固定。

10）所有地板在拼接时应纵向错位(工字法)进行铺装。

11）地板铺设前应先进行预铺，剔除色差明显的地板，对于颜色偏差较大的地板可在排版时确定铺设于次要部位，如卧室的床底、客厅的沙发底等部位，并对房间方正偏差采取纠偏措施。

12）每一片地板拼接后，以木槌和木条轻敲，使每片地板公母榫企口密合。

13）在铺钉时，钉子要与地板表面呈一定角度，一般常以 45°或 60°斜钉入内。

14）铺装完成后，如果室内的窗帘还未安装，须采取遮光措施，避免阳光直射造成地板变色。

5. 施工注意事项

1）按设计要求施工，材料应符合设计标准。

2）木地板靠墙处要留出 10 mm 空隙，以利于热胀冷缩；如在地板和踢脚板相交处安装封闭木压条，则应在木踢脚板上留通风孔。

3）在常温条件下，细石混凝土找平层含水率小于 10%，方可铺装复合木地板面层。

4）以房间内光线进入方向为木地板的铺设方向。

5）有地热区域铺贴地板时，基层不应铺设防潮膜。

6. 质量标准

1）主控项目

（1）复合地板面层所采用的条材和块材，其技术要求和质量等级应符合设计要求。

（2）面层铺设应牢固，踩踏无响声。

2）一般项目

（1）实木复合地板面层图案和颜色应符合设计要求，且图案清晰，颜色一致，板面无翘曲。

（2）面层的接头位置应错开，缝隙严密，表面洁净。

3）检验方法

（1）板面缝隙宽度 2 mm，用钢尺检查。

（2）表面平整度 2 mm，用 2 m 靠尺及楔形塞尺检查。

（3）踢脚线上口平齐 3 mm。

（4）板面拼缝平直 3 mm，拉 5 m 通线，不足 5 m 拉通线或用钢尺检查。

（5）相邻板材高差 0.5 mm，用尺量和楔形塞尺检查。

（6）踢脚线与面层的接缝 1 mm，用楔形塞尺检查。

7. 示意图

1）实木复合地板铺装示意图

项目名称	地面工程	名称	实木复合地板铺装示意图
适用范围	室内干区客厅、卧室、书房等	备注	无地热项目

重点说明：
地面找平后平整度需符合国家现行有关标准规定，且达到一定的干燥度后方可铺贴。
基层板铺设时应在建筑地面上铺塑料防潮薄膜，薄膜接口处互叠并用胶布粘贴，防止水气进入。
建议小规格地板运用此铺装形式，防基层不平整带来的起灰。
细石砼找平层四周及中间找平层留缝 10 mm 伸缩缝。

2）实木复合地板铺装示意图（有地热）

项目名称	地面工程	名称	实木复合地板铺装示意图
适用范围	室内干区客厅、卧室、书房等	备注	有地热项目

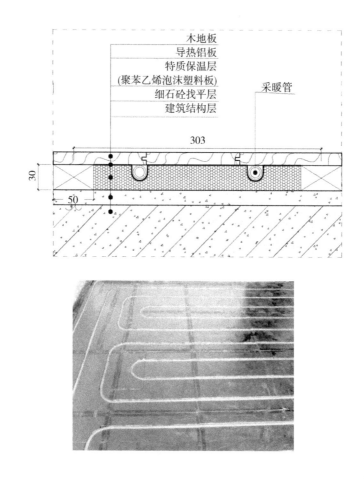

重点说明：
木地龙须采用松木类，并经过烘干处理（含水率符合当地湿度要求）及三防处理（防火、防潮、防虫），地面沿墙四周须用木龙骨加固。
注：地龙骨可使用室外用防腐木来替代，这样可保证地龙骨在受潮后不变形且降低人工成本。

3）楼梯地面木地板饰面示意图

项目名称	地面工程	名称	楼梯地面木地板饰面示意图
适用范围	单面或双面挑空的室内楼梯	备注	

18 mm多层板(防腐)
找平垫层
建筑结构层
成品木质品　成品木质品
40
20

重点说明：
楼梯实木踏板应工厂化加工(含水率应符合当地的湿度要求)，油漆面符合耐磨性要求，采用 AB 胶与木基层板黏结固定，木基层板做三防处理(防火、防潮、防虫)。
楼梯踏板背面需用封底漆封闭，以防止变形。
楼梯踏板收口线型应避免方角，以防止使用磨损。

7.4.3 地面铺防滑地砖

1. 适用范围

适用于精装修工程地下室、下沉式庭院及室内厨房间、工人房等部位的地面装饰施工。

2. 作业条件

1）墙上四周弹好 1 m 水平线。

2）地面防水层已经做完,室内墙面湿作业已经做完。

3）穿楼地面的管洞已经堵严塞实。

4）楼地面垫层已经做完。

5）地砖应预先用水浸湿,并码放好,铺时达到表面无明水。

6）复杂的地面施工前,应绘制施工大样图,并做出样板间,经检查合格后,方可大面积施工。

3. 材料准备

1）水泥:强度等级为 32.5 以上的普通硅酸盐水泥或矿渣硅酸盐水泥;专用填缝剂。

2）砂:粗砂或中砂,含泥量不大于 3%,过 8 mm 孔径的筛子。

3）瓷砖:进场验收合格后,在施工前应进行挑选,将有质量缺陷(重点是平整度和曲翘度等)的先剔除,然后将面砖按大中小三类挑选后分别码放在垫木上。

4. 施工工艺流程

1）施工流程

基层处理→找标高、弹线→铺找平层→弹铺砖控制线→泡砖→铺砖→勾缝、擦缝→养护。

2）基层处理、定标高

（1）将基层表面的浮土或砂浆铲掉,清扫干净,有油污时应用 10% 火碱水刷净,并用清水冲洗干净。

（2）根据 1 m 水平线和设计图纸找出板面标高。

3）弹控制线

（1）先根据排砖图确定铺砌的缝隙宽度，一般为：缸砖 11 mm；卫生间、厨房通体砖 2 mm；房间、走廊通体砖 2 mm。

（2）根据排砖图及缝宽在地面上弹纵、横控制线，注意该十字线与墙面抹灰时控制房间方正的十字线是否对应平行，同时注意开间方向的控制线是否与走廊的纵向控制线平行，不平行时应调整至平行，避免在门口位置的分色砖出现大小头。

（3）排砖原则

①开间方向要对称（垂直门口方向分中）。

②切割块尽量排在远离门口及隐蔽处。

③与走廊的砖缝尽量对上，对不上时可以在门口处用石材门槛分隔。

④有地漏的房间应注意坡度、坡向。

4）铺贴瓷砖

找好位置和标高，从门口开始，纵向先铺 2～3 行砖，以此为标准拉纵横水平标高线，铺贴时应从里向外退着操作，人不得踏在刚铺好的砖面上，每块砖应跟线，操作程序如下：

（1）铺贴前将砖板块放入半截水桶中浸水湿润，晾干后表面无明水时，方可使用。

（2）找平层上洒水湿润，均匀涂刷素水泥浆（水灰比为 0.4～0.5），涂刷面积不要过大，铺多少刷多少。

（3）结合层的厚度：一般采用水泥砂浆结合层，厚度为 10～25 mm；铺设厚度以放上面砖时高出面层标高线 3～4 mm 为宜，铺好后用大杠尺刮平，再用抹子拍实找平（铺设面积不得过大）。

（4）结合层拌和：干硬性砂浆，配合比为 1∶3（体积比），应随拌随用，初凝前用完，防止影响黏结质量；干硬性程度以手捏成团、落地即散为宜。

（5）铺贴时，砖的背面朝上抹黏结砂浆，铺砌到已刷好的水泥浆找平层上，砖上棱略高出水平标高线，找正、找直、找方后，砖上面垫木板，用橡皮锤拍实，顺序从内往外退着铺贴，做到面砖砂浆饱满，相接紧密、结实，与地漏相接处，用云石机将砖加工成与地漏相吻合的形状。厨房、卫生间铺地砖时最好一次铺一间，大面积施工时，应分段、分部位铺贴。

（6）拨缝、修整：铺完 2～3 行，应随时拉线检查缝格的平直度，如超出规定应立即修整，将缝拨直，并用橡皮锤拍实。此项工作应在结合层凝结之前完成。

5）勾缝、擦缝

注：应在面层铺贴完成 24 h 完成后进行勾缝、擦缝的工作，并应采用专门的嵌缝材料。

（1）勾缝：用 1∶1 水泥细砂浆勾缝，缝内深度宜为砖厚的 1/3，要求缝内砂浆密实、平整、光滑；随勾随将剩余水泥砂浆清走、擦净。

（2）擦缝：如设计要求缝隙很小时，则要求接缝平直，在铺实修整好的砖面层上用浆壶往缝内浇水泥浆，然后将干水泥撒在缝上，再用棉纱团擦揉，将缝隙擦满，最后将面层上的水泥浆擦干净。

6）养护

铺完砖 24 h 后，洒水养护，时间不应小少 7 d。

5. 质量标准

1）主控项目

（1）面层所有的地砖的品种、质量必须符合设计要求。

（2）面层与下一层的结合（黏结）应牢固，无空鼓。

2）一般项目

（1）砖面层的表面应洁净，且图案清晰、色泽一致、接缝平整、深浅一致、周边顺直，砖块无裂纹、掉角和缺棱等缺陷。

（2）面层邻接处的镶边用料及尺寸应符合设计要求，边角应整齐、光滑。

（3）楼梯踏步和台阶板块的缝隙宽度应一致，且齿角整齐，防滑条顺直。

（4）面层表面的坡度应符合设计要求，不倒泛水、不积水，与地漏、管道结合处应严密牢固，无渗漏。

（5）砖面层的允许偏差为：表面平整度 2 mm；缝格平直 3 mm；接缝高低 0.5 mm；踢脚线上口平直 3 mm；板块间隙宽度 2 mm。

6. 成品保护

1）在铺贴地砖操作过程中，对已安装好的门框、管道等都要加以保护，如门框钉装保护铁皮，运灰车采用窄车等。

2）切割地砖时，不得在刚铺贴好的砖面层上操作。

3）刚铺贴砂浆抗压强度达 1.2 MPa 时，方可上人进行操作，但必须注意油漆、砂浆不得存放在地砖上，铁管等硬器不得碰坏砖面层，喷浆时要对面层进行覆盖保护。

7. 应注意的质量问题

1）地砖空鼓：基层清理不净、撒水湿润不均、砖未浸水、水泥浆结合层一次刷的面积过大风干后起隔离作用、上人过早影响黏结层强度等都是导致空鼓的原因。

2）地砖表面不洁净：主要是铺贴完成之后，成品保护不到位，如油漆桶放在地砖上、在地砖上拌合砂浆、刷浆时不覆盖等，都会导致层面被污染。

3）有地漏的房间倒坡：做找平层砂浆时，没有按设计要求的泛水坡度进行弹线找坡。因此必须在找标高、弹线时找好坡度，抹灰饼和标筋时，抹出泛水坡度。

4）地面铺贴不平，出现高低差：对地砖未进行预先选挑，砖的薄厚不一致造成高低差，或铺贴时未严格按水平标高线进行控制。

5）地面标高错误：多出现在厕浴间，原因是防水层过厚或结合层过厚。

6）厕浴间泛水坡度过小或局部倒坡。

8 示意图

地面铺瓷砖施工示意图

项目名称	地面工程	名称	地面铺瓷砖施工示意图
适用范围	卫生间、阳台	备注	

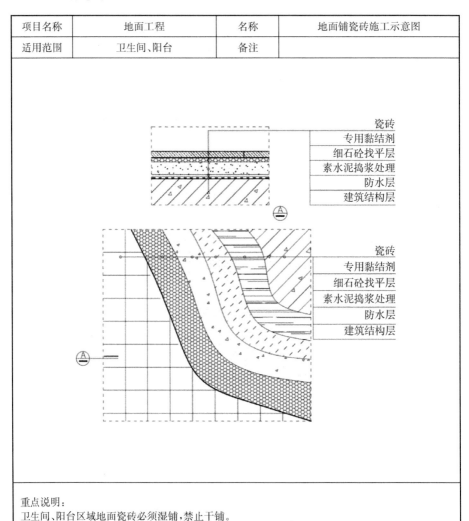

重点说明：
卫生间、阳台区域地面瓷砖必须湿铺，禁止干铺。

7.4.4　地面铺地毯

1. 编织地毯

1）适用范围

适用于室内精装修地面材料为满铺地毯的工程。

2）作业条件

地面基层平整洁净、干燥（含水率控制在 8％以内），并达到设计的强度；室内无其他施工作业内容。

3）材料准备

（1）地毯：阻燃地毯。

（2）地毯胶黏剂、地毯接缝胶带、麻布条。

（3）地毯木卡条（倒刺板）、铝压条（倒刺板）、锑条、铜压边条等。

4）施工工艺流程

（1）施工流程：清理基层→裁剪地毯→钉卡条、压条→接缝处理→铺接工艺→修整、清理。

（2）清理基层。

①铺设地毯的基层要求具有一定的强度。

②基层表面必须平整，无凹坑、麻面、裂缝，并保持清洁干净；若有油污，须用丙酮或松节油擦洗干净，高低不平处应预先用水泥砂浆填嵌平整。

（3）裁剪地毯。

①根据房间尺寸和形状，用墙纸刀从长卷上裁下地毯。

②每段地毯的长度要比房间长度长约 20 mm，宽度要以裁出地毯边缘后的尺寸计算，弹线裁剪边缘部分；要注意地毯纹理的铺设方向是否与设计要求一致。

（4）钉木卡条和门口压条。

①采用木卡条（倒刺板）固定地毯时，应沿房间四周靠墙脚 1～2 cm 处，将卡条固定于基层上。

②在门口处，为不使地毯被踢起和边缘受损，达到美观的效果，常用铝合金卡条、锑条固定地毯。卡条、锑条内有倒刺可将地毯扣牢。锑条的长边固定在地面上，待铺上地毯后，将短边打下，紧压住地毯面层。

③卡条和压条可用钉条、螺丝、射钉固定在基层上。

（5）接缝处理。

①背面接缝法是将地毯翻过来，使两条边平接，用线缝合后，在接缝处刷白胶，贴上牛皮胶纸。缝线应较结实，针脚不必太密。

②烫带黏结法即先将烫带按地面上的弹线铺好，两端固定，将两侧地毯的边缘压在烫带上，然后用电熨斗在烫带的胶面上熨烫，使胶质熔解，随着电熨斗的移动，用扁铲在接缝处将烫带辗压平实，使之与地毯牢固地连在一起。

③用剪刀修葺地毯正面接口处不齐的绒毛。

（6）铺接工艺。

①先用钉条固定地毯的室内长边一边，再用张紧器或膝撑将地毯在相交方向逐段推移伸展，使之拉紧，平伏于地面，以保证地毯在使用过程中遇到一定的推力而不隆起。张紧器底部小刺可将地毯卡紧并推移，推力应适当，过大易将地毯撕破，过小则推移不平，推移应逐步进行。

②用张紧器张紧后，地毯四周应挂在卡条上或铝合金条上固定。

（7）修整、清理。

地毯完全铺好后，用刀裁去多余部分，并用扁铲将地毯边缘塞入卡条和墙壁之间的缝中，用吸尘器吸去灰尘等。

5）施工注意事项

（1）凡会被雨水淋湿、有地下水侵蚀的地面以及特别潮湿的地面，均不能铺设地毯。

（2）在墙边的踢脚处以及室内柱子和其他突出物处，地毯的多余部分应剪掉，再精细修整边缘，使之吻合服贴。

（3）地毯拼缝应尽量小，不应使缝线露出，要求在接缝时用张力器将地毯张平服贴后再进行接缝。接缝处要考虑地毯上花纹、图案的衔接，否则会影响装饰质量。

（4）地毯铺完后，应达到毯面平整服贴、图案连续协调、不显接缝、不易滑动，墙边、门口处连接牢靠，毯面无脏污、损伤。

6）质量标准

（1）主控项目。

地毯的品种、规格、颜色、花色、胶料和辅料及其材质必须符合设计要求和国家现行地毯产品标准的规定。地毯表面应平服，拼缝处粘贴牢固、严密平整、图案吻合。

（2）一般项目。

地毯表面不应起鼓、起皱、翘边、卷边、显拼缝、露线和毛边，绒毛顺光一致，毯面干净，无污染和损伤。地毯同其他面层连接处、收口处以及靠墙边、柱子周围处应顺直、压紧。

2. 方块地毯

1）适用范围

适用于室内精装修地面材料为方块地毯的工程。

2）作业条件

地面基层平整洁净、干燥（含水率控制在 8% 以内），并达到设计的强度；室内无其他施工作业内容。

3）材料准备

（1）地毯：块装阻燃地毯。

（2）地毯胶黏剂、地毯接缝胶带、麻布条。

4）施工工艺流程

（1）施工流程：基层地面处理→实量放线→裁割地毯→刮胶晾置→铺设→清理、保护。

（2）在铺装前必须对要铺设的房间进行实量，测量墙角是否规方，准确记录各角角度。根据计算的下料尺寸在地毯背面弹线、裁割。

（3）接缝处应用胶带在地毯背面将两块地毯粘贴在一起，再将接缝处不齐的绒毛修齐，并反复揉搓接缝处绒毛，至表面看不出接缝痕迹为至。

（4）黏结铺设时刮胶后晾置 5～10 min，待胶液变得干黏时铺设。

（5）地毯铺平后用毡辊压出气泡。

（6）多余的地毯边裁去，清理拉掉的纤维。

（7）裁割地毯时应沿地毯经纱裁割，只割断纬纱，不割经纱，对于有背衬的地毯，应从正面分开绒毛，找出经纱、纬纱后再进行裁割。

5）质量标准

（1）主控项目

①地毯的材质、规格、技术指标必须符合设计要求和施工规范规定。

②地毯与基层之间必须固定牢固，无卷边、翻起现象。

（2）一般项目

①地毯表面平整，无打皱、鼓包现象。

②拼缝平整、密实,在视线范围内不显拼缝。

③地毯与其他地面的收口或交接处应顺直。

④地毯的绒毛应理顺,表面洁净、无油污物等。

6)注意事项

(1)注意成品保护,用胶粘贴的地毯,24 h内不许随意踩踏。

(2)地毯铺装对基层地面的要求较高,地面必须平整、洁净,含水率不得大于8%,并已安装好踢脚板,踢脚板下沿与地面间隙应比地毯厚度大2~3 mm。

(3)准确测量房间尺寸和计算下料尺寸,以免造成浪费。

(4)有规格地毯应排版后铺装。

7.4.5　塑料地板(PVC地板)的施工

1. 适用范围

适用于办公室、幼儿园、医院等公共场所的地面铺设。

2. 作业条件

塑胶地板(PVC地板)施工前,应已完成自流平地面的施工。

1)自流平水泥地面施工

(1)注意事项。

①湿度:地基含水率应小于3%(自流平厂商要求施工前保持地表干燥);使用CCM水分测试仪检测含水率。

②表面硬度:用锋利的凿子快速交叉切划表面,交叉处不应有爆裂;使用硬度刻划器检测表面硬度。

③表面平整度:用2 m直尺检验,空隙不应大于2 mm;使用平整度测试仪检测平整度。

(2)施工工艺。

①检查地面湿度,确认地面干燥;检查地面平整度,确认地面平整;检查地面硬度,确认地面无裂缝。

②彻底清扫地面,清除地面各种污物,如油漆、油污及涂料等,全面打磨地面。

③彻底吸净灰尘。

④将界面剂进行 1∶1 兑水,用泡沫滚筒进行涂布,每平米用量为 100~150 g。

⑤界面剂涂布结束后,需等待 1~3 h,保持良好通风,待其完全干燥后再进行自流平施工。

⑥将一包自流平水泥(25 公斤)倒入盛有 6 公斤清洁凉水的搅拌桶内,用打浆电钻进行搅拌,直至形成流态均匀的混合物,必须确保无结块,然后迅速将混合物倒入施工区域,用耙子布均,并用滚筒进行滚拉,将空气排出。注意要合理安排施工时间,确保在 15 min 内将混合好的一包自流平水泥施工完;完成厚度 2 mm,每包可涂布约 8 m²。

⑦约 24 h 后,自流平水泥完全干燥,1~2 d 后可铺设地板。

(3)注意事项。

地面温度低于 5℃不能进行自流平水泥的施工。

上文提到的干燥时间在室温 20℃正常条件下适用;此干燥时间会因低温、高湿度而延长。

3. 材料准备

1)所铺设的地板必须要是同一批号。

2)要提前 48 h 将地板放置在施工现场,以防止缝隙和起翘。

4. 施工工艺流程

1)基准施工法

(1)最好从房间入口处开始铺设,以免地板在门口处被拼缝。

(2)施工材料要比实际完成长度多预留 50 mm 用于裁剪,裁剪时,有木纹的花色要尽量对准纹路施工。

(3)墙面及墙角部分覆盖的材料要用手充分压紧("V"字型),按墙面曲线(预留 50 mm)裁剪。

(4)裁剪时要与墙面保留一定距离,预留到踢脚线能覆盖到的位置。

2)连接幅施工

(1)裁剪第二张地板时要考虑与第一张地板纹路对齐(仅限于需要对齐纹路的地板)。裁剪第二张地板时把地板放置在第一张上,在中间、两端上做 V 字形标记,裁剪。地板两端与墙面预留一部分施工。

(2)大面积施工时也可按同一步骤施工。

3）黏合剂涂布

（1）推荐使用地板品牌指定的胶水。

（2）涂完胶水至粘地板前要有一定的等候时间，这一步骤是为了减少黏合剂水分，提高黏合力，等候时间视周围环境、时间、地面情况而定。

（3）胶水要满涂，特别是连接部分，墙角也要充分涂抹，这样才不会产生移动、翘起等现象。

（4）等候一定时间（待胶水成膜）后，小心放置地板，用脚轻轻压紧。

（5）用压滚压紧地板连接处，从中间向墙角、连接部方向移动。

4）连接处处理

（1）连接处处理是施工中最重要的部分。

（2）用施工刀将两张地板连接处多余部分切掉。

（3）裁剪时要注意两张地板的一致性（纹路对齐）。

5）接缝部连接

（1）接缝部连接有焊接和涂密封胶两种方法。

（2）一般住宅用密封推荐使用密封胶方法。

（3）在涂密封胶之前要彻底清除沙砾、灰尘、施工工具等。

（4）密封产品推荐使用 LG 密封胶，此胶水经鉴定不褪色，黏合力优秀。

（5）密封胶使用前应充分摇匀再倒入施工瓶放置 3 min（除掉气泡）。

（6）沿着连接缝按一定速度挤压施工瓶涂抹。

（7）地下室、餐厅等潮湿环境空间，地板与墙面之间需要做硅酮处理。

5. 注意事项

1）施工后 48 h 之内不要涂蜡和放置重物，也要避免人员频繁走动。

2）施工完全结束 24 h 内要进行彻底清扫。

3）施工结束 48 h 内，不要让水接触地板。

4）施工结束 48 h 以后，进行打蜡。

5）遗留在地板上的黏合剂要用乙醇清除，禁止使用丙酮类溶剂。

6. 成品保护

1）初期涂蜡时，涂抹得薄一些，防止蜡层渗透到底部。

2）部分污染的地方，使用中性洗涤剂清洗。

3）准备适量的水性面蜡，用抹布浸上原液，拧干。

4）在地板上上蜡,均匀涂抹 2~3 次,防止遗漏。

5）必须要等到蜡层完全干燥后才可以在地板上行走,干燥时间通常为 30~60 min,但根据季节、湿度、温度、通风情况不同有可能提前或者延长,利用吹风机可以缩短干燥时间。

7. 验收标准

1）塑料板面层应采用塑料板块材、塑料板焊接、塑料卷材通过胶黏剂在水泥类基层上铺设。

2）水泥类基层表面应平整、坚硬、干燥、密实、洁净、无油脂及其他杂质,不得有麻面、起砂、裂缝等缺陷。

3）胶黏剂选用应符合《民用建筑工程室内环境污染控制规范》(GB 50325—2010)的规定,应按基层材料和面层材料使用的相容性要求,通过试验确定。

4）主控项目

（1）塑料板面层所用的塑料板块和卷材的品种、规格、颜色、等级应符合设计要求和现行国家标准的规定。

（2）面层与下一层的黏结应牢固,不翘边、不脱胶、无溢胶。

注:卷材局部脱胶处面积不大于 20 cm²,且相隔间距不小于 50 cm 可不计;凡单块板块料边角局部脱胶处且每自然间(标准间)不超过总数的 5% 者可不计。

5）一般项目

（1）塑料板面层应表面洁净,图案清晰,色泽一致,接缝严密、美观,拼缝处的图案、花纹吻合,无胶痕;与墙边交接严密,阴阳角收边方正。

检验方法:观察检查。

（2）板块的焊缝应平整、光洁,无焦化变色、斑点、焊瘤和起鳞等缺陷,其凹凸允许偏差为±0.6 mm,焊缝的抗拉强度不得小于塑料板强度的 75%。

检验方法:观察检查和检查检测报告。

（3）镶边用料应尺寸准确、边角整齐、拼缝严密、接缝顺直。

检验方法:用钢尺和观察检查。

（4）塑料板面层的允许偏差应符合规范规定。

8 示意图

地面地胶板施工示意图

项目名称	地面工程	名称	地面地胶板施工示意图
适用范围	医院、幼儿园、写字楼等	备注	

重点说明：

基层应达到表面不起砂、不起皮、不起灰、不空鼓，无油渍，手摸无粗糙感。

基层与塑料地板块背面同时涂胶，胶面不黏手时即可铺贴；铺贴时要将气泡赶净；块材铺设时，两块材料之间应紧贴不留缝隙；卷材铺设时，两块材料的搭接处应采用重叠切割，一般要求重叠30 mm，注意确保一刀割断。

为避免拼接缝的产生及卫生死角，踢脚与地面连接处制作成内圆角，踢脚与地面整体铺贴。

地胶板地面基层建议使用自流平水泥处理，这样可以避免基层起砂、油渍造成的起鼓脱落等问题，但要注意自流平水泥在北方地区使用时要考虑温度因素，防止因气温过低造成的粉化等质量问题。

7.4.6 木踢脚板安装

1. 适用范围

适用于公共和民用建筑木质踢脚板的安装工程。

2. 作业条件

1）安装木踢脚板的房间和部位的墙面装饰基层已施工完成。

2）木踢脚板材及配件、辅料已进场。

3）安装工具及材料准备齐全；安装部位弹好标高水平线。

3. 材料准备

1）木踢脚板制品：根据设计要求在工厂加工完成，符合相应产品技术指标；进场须经验收，规格、色泽应与材料小样一致。

2）木螺丝、自攻螺丝、塑料膨胀螺丝或经三防处理的木楔（一般均采用 4 mm×25 mm）。

3）主要机具：钢锯、钳子、切割机、改锥、手提电钻等。

4. 施工工艺流程

1）施工流程：工厂定做加工踢脚板→现场弹线→固定木楔安装→踢脚板木基板安装→防腐剂刷涂→黏结固定踢脚板。

2）木踢脚板基层板应与踢脚板面层后面的安装槽完全对照，安装前要严格弹线，并用一块样板检查。基层的厚度控制也是关键。

3）在墙上安装踢脚板基板的位置，每隔 400 mm 打入木楔；安装前，先按设计标高将控制线弹到墙面，使木踢脚板上口与标高控制线重合。

4）踢脚板基层板接缝处应做陪榫或斜坡压槎，在 90°转角处做成 45°斜角接槎。

5）木踢脚板背面刷木制品三防剂；安装时，木踢脚板基板要与立墙贴紧，上口要平直，钉接要牢固，用气动打钉枪直接钉在木楔上，若用明钉接，钉帽要砸扁，并冲入板内 2～3 mm，钉子的长度是板厚度的 2～2.5 倍，且间距不宜大于 1.5 m。

6）木踢脚板饰面安装：墙体长度在 6 m 以内，不允许有接口，须采用整根安装;如果长度在 6 m 以上,需要在工厂内做"指接"处理,尽量减少现场拼接。接缝需安在隐蔽部位。

7) 踢脚板在阴角部位采用 45°拼接;阳角的接口现场施工难度较大,建议采用工厂加工好的阳角拼接踢脚板,现场粘贴。

8) 踢脚板面层粘贴完成后,须采用木龙骨固定,固定时应在木龙骨和踢脚板之间垫发泡薄膜保护。龙骨宜固定在地板基层上。

5. 质量要求

1) 木踢脚板基层板应钉牢,表面平直,安装牢固,不应发生翘曲或呈波浪形等情况。

2) 采用气动打钉枪固定木踢脚板基层板,若采用明钉固定时钉帽必须打扁并打入板中 2～3 mm,打钉时不得在板面留下伤痕;板上口应平整;拉通线检查时,偏差不得大于 3 mm,接槎平整,误差不得大于 1 mm。

3) 木踢脚板基层板接缝处采用斜边压槎胶黏法,墙面阴、阳角处宜做 45°斜边平整粘接接缝,不能搭接;木踢脚基层板与地坪必须垂直一致。

4) 木踢脚基层板含水率应根据不同地区的自然含水率加以控制,一般不应大于 18%,相互胶黏接缝的木材含水率相差不应大于 1.5%。

6. 木质专利踢脚线

市场上已出现木质 A、B 专利踢脚线,采用基材卡接安装,把踢脚线拆解为 A、B 线。施工时先通过弹线确定踢脚线水平线,再按 30cm 间距安装卡件,用塑料膨胀栓固定,先安装 A 线,待批灰、墙纸完成,地面工程结束后,再安装 B 线,此线条的阴阳角需定制。

采用 A、B 专利踢脚线可解决施工中的地面成品保护与工序的矛盾;同时也解决了后期地面维修对墙面的踢脚线及墙纸的影响;为保证与其他木饰面颜色一致,专利踢脚线需定制颜色。

7. 示意图

1）木踢脚板安装施工示意图 01

项目名称	地面工程	名称	木踢脚板安装施工示意图 01
适用范围		备注	

重点说明：

踢脚线要求工厂加工，现场安装，6 m 内不得拼接，接缝应留在活动家具背后等隐蔽部位；阴阳角需做 45°拼接，采用卡式安装，不得在表面用枪钉固定。

成品踢脚线木皮厚度应不低于 60 丝①，油漆须符合环保要求。

成品踢脚线背面必须刷防潮漆或贴平衡纸。

踢脚线阳角收口应在工厂制作完成后现场安装。

踢脚线应在墙面批灰打磨完成后安装。

地板与大理石围边、门槛石部位需留 3 mm 缝隙，并采用与地板同色系的耐候胶填缝，墙体边沿（踢脚线内）预留 8～10 mm 伸缩缝。

---

① 100 丝＝1 mm

2）木踢脚板安装施工示意图 02

项目名称	地面工程	名称	木踢脚板安装施工示意图 02
适用范围		备注	

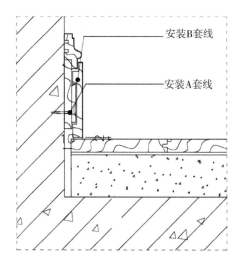

安装B套线
安装A套线

重点说明：
踢脚线要求工厂加工，现场安装，6 m 内不得拼接，接缝应留在活动家具背后等隐蔽部位；阴阳角需做 45°拼接，采用卡式安装，不得在表面用枪钉固定。
成品踢脚线木皮厚度应不低于 60 丝①，油漆须符合环保要求。
成品踢脚线背面必须刷防潮漆或贴平衡纸。
踢脚线阳角收口应在工厂制作完成后现场安装。
踢脚线应在墙面批灰打磨完成后安装。
地板与大理石围边、门槛石部位需留 3 mm 缝隙，并采用与地板同色系的耐候胶填缝，墙体边沿（踢脚线内）预留 8～10 mm 伸缩缝。
注：踢脚线线型为示意。

———————————

① 100 丝＝1 mm

第八章 | 外立面玻璃幕墙工程

8.1 玻璃工程

1. 玻璃的种类

1）平板玻璃

平板玻璃按外观质量分为合格品、一等品、优等品。阳光控制镀膜玻璃和低辐射镀膜玻璃（Low-E玻璃）原片应符合一等品的技术要求。

浮法玻璃按厚度分为以下几种：

2 mm、3 mm、4 mm、5 mm、6 mm、8 mm、10 mm、12 mm、15 mm、19 mm。玻璃幕墙常用的是厚度为6～19 mm的玻璃。

2）钢化玻璃

钢化玻璃是普通平板玻璃经过再加工处理制成的一种预应力玻璃。钢化玻璃相对于普通平板玻璃来说，其强度是普通玻璃的数倍，抗拉度是后者的3倍以上，抗冲击性能是后者的5倍以上；钢化玻璃不容易破碎，即使破碎也会以无锐角的颗粒形式碎裂，对人体伤害大大降低。钢化玻璃的具体检测方法如下：

（1）抗冲击性。

取6块钢化玻璃试样进行试验，试样破坏数不超过1块为合格，多于或等于3块为不合格。破坏数为2块时，再另取6块进行试验，6块必须全部不被破坏为合格。

（2）碎片状态。

取 4 块钢化玻璃试样进行试验，每块试样在 50 mm×50 mm 区域内的碎片数必须超过 40 个。且允许有少量长条形碎片，其长度不超过 75 mm，其端部不是刀刃状，延伸至玻璃边缘的长条形碎片与边缘形成的角不大于 45°。

（3）霰弹袋冲击性能。

取 4 块平行钢化玻璃试样进行试验，结果必须符合下列规定中的任意一条：

玻璃破碎时，每块试样的最大 10 块碎片的质量总和不得超过相当于试样 65 cm² 面积的质量。霰弹袋下落高度为 1 200 mm 时，试样不破坏。

另外，所有经热处理，如钢化的玻璃，生产厂家都应对其进行检查，更换所有不符合下列误差标准的玻璃：

①翘曲度超过最短边长度的 0.10% 的玻璃。

②若热处理过程使玻璃产生基本平行的辊轮印迹，凸起部分与平面的高度相差不得超过 0.13 mm，相邻两个印迹的高度相差不得超过 0.08 mm。

③当翘曲度标准与辊轮印迹标准不符时，以较严格者为准。

④辊轮印迹的方向应为水平的、连续的，并符合设计意图。

当钢化玻璃置于特定点光源下时，可能形成斑点或多色斑点。只要在自然的典型的普通环境下不出现上述现象，就可以认为不是产品缺陷。玻璃的镀膜应提交样品供审核，膜层不应加重这些现象。

3）中空玻璃

中空玻璃的物理性能要求须符合相关规范。中空玻璃合片加工时，应考虑制作处和安装处不同气压的影响，采取防止大面变形的措施。

幕墙用中空玻璃应采用双道密封。一道密封应采用丁基热熔密封胶，二道密封应采用聚硫胶或硅酮结构密封胶。隐框、半隐框（横隐竖明）及点支承中空玻璃的二道密封应采用硅酮结构密封胶。二道密封应采用专业打胶机进行混合、打胶。中空玻璃的间隔铝框可采用连续折弯型或插角型，不得采用热熔型间隔胶条。间隔铝框中的干燥剂宜采用专用设备装填。

4）夹层玻璃

玻璃幕墙用夹层玻璃应采用干法加工合成，其夹片宜采用聚乙烯醇缩丁醛（PVB）胶片，夹层玻璃合片时，应严格控制温度和湿度。

夹层玻璃的外观质量要求如下：

裂纹：不允许存在。

爆边：长度或宽度不得超过玻璃的厚度。

划伤和磨伤：不得影响使用。

脱胶：不允许存在。

夹层玻璃厚度偏差不能超过构成夹层玻璃的原片允许偏差和中间层允许偏差之和。中间层总厚度小于 2 mm 时，其允许偏差不予考虑。中间层总厚度大于 2 mm 时，其允许偏差为 ± 0.2 mm。

平面夹层玻璃的弯曲度不得超过 0.3%。夹胶玻璃板块边缘不应出现超过标准的脱胶和缩进。

5）Low-E 镀膜玻璃

Low-E 镀膜玻璃又称低辐射玻璃，是在玻璃表面镀上多层金属或其他化合物组成的膜系产品。这种镀膜层具有对可见光高透过及对中远红外线高反射的特性，使得这种玻璃与普通玻璃及传统的建筑用镀膜玻璃相比，具有优异的隔热效果和良好的透光性。

Low-E 膜在中空玻璃外侧的第二面（即外片玻璃朝向中空层的二面）。

2. 确认玻璃货源

1）在玻璃购买合同签订之前，应由业主、招标人、建筑师、顾问确定玻璃的供应来源。玻璃供货商应能提供良好的以往业绩记录，涉及相应的玻璃尺寸、类型及厚度，适当的质保/质检系统，符合设计、制造和测试标准认可的该行业最优准则。

2）所有玻璃的供应、生产、加工和质保应出自同一厂家。

3）只有在上述玻璃厂家不能提供适当的玻璃产品时，才会考虑其他的玻璃厂家。

4）玻璃产品应满足合同的技术要求，在工程中对玻璃产品的使用应经过招标人同意。

5）所有玻璃应出自同一货源，分包商同时应在订货前提供详细资料，说明如何确保立面玻璃颜色的一致性。若分包商或其他原因造成玻璃破损而需要更换时，应使用来自破损玻璃相同厂家的玻璃来更换。

3. 玻璃检查内容

1）外观验收标准

玻璃边缘应切割整齐，没有明显缺陷（包括羽纹、壳状、缺口等），没有气泡、杂质、裂纹、凹陷或其他缺陷。变形应控制在绝对最低，局部缺陷引起的不规则影响是不可接受的。在现场施工开始之前应提供 1 000 mm×1 000 mm样品，其品质应与最终成品玻璃相同。该样品是用于展示玻璃上可能进行的修补工作的效果，如对划痕的遮盖。样品品质应经过招标人审批。这样的试验样品由招标人保留作为控制样品。分包商应对修补进行记录，并在完工后将记录连同镀膜质保书一起提交业主、招标人、建筑师、发包人和幕墙顾问。

2）安全和温度应力

进场前确保玻璃及玻璃的安装不会发生可能损坏玻璃、玻璃安装材料、部件或框架系统的应力。分包商应进行温度应力分析和热工计算。

3）尺寸

所有玻璃应按照设计尺寸精确切割，按照需要的尺寸送至工地（若可行），不允许在现场切割，玻璃上应清晰标注其最终安装位置和方向。

8.2 玻璃幕墙工程

1. 玻璃幕墙的种类

玻璃幕墙是指由玻璃面板与支承结构体系组成的、可相对主体结构有一定位移能力、不分担主体结构所受作用的建筑外围护结构或装饰结构。墙体有单层和双层玻璃两种。玻璃幕墙是一种美观新颖的建筑墙体装饰方法，一般分为明框玻璃幕墙、隐框玻璃幕墙、点支撑玻璃幕墙、单元式玻璃幕墙。

2. 玻璃幕墙的性能要求

1）风压变形性能（表8-1）

表 8-1 建筑幕墙抗风压性能分级

分级代号	1	2	3	4	5	6	7	8	9
分级指标值 P_3(kPa)	$1.0{\leqslant}P_3$ <1.5	$1.5{\leqslant}P_3$ <2.0	$2.0{\leqslant}P_3$ <2.5	$2.5{\leqslant}P_3$ <3.0	$3.0{\leqslant}P_3$ <3.5	$3.5{\leqslant}P_3$ <4.0	$4.0{\leqslant}P_3$ <4.5	$4.5{\leqslant}P_3$ <5.0	$P_3{\geqslant}5.0$

注 1:9 级时需同时标注 P_3 的测试值。如:属 9 级(5.5 kPa)。
注 2:分级指标值 P_3 为正、负风压测试值绝对值的最小值。

2)空气渗透性能(表 8-2、表 8-3、表 8-4)

幕墙的空气渗透性能是指幕墙在风压作用下,其开启部分为关闭状态时,幕墙透过空气的能力。

表 8-2 建筑幕墙气密性能设计指标一般规定

地区分类	建筑层数、高度	气密性能分级	气密性能指标小于	
			开启部分 q_1[m³/(m·h)]	幕墙整体 q_A[m³/(m²·h)]
夏热冬暖地区	10 层以下	2	2.5	2.0
	10 层及以上	3	1.5	1.2
其他地区	7 层以下	2	2.5	2.0
	7 层及以上	3	1.5	1.2

表 8-3 建筑幕墙开启部分气密性能分级

分级代号	1	2	3	4
分级指标值 q_1[m³/(m·h)]	$4.0{\geqslant}q_1>2.5$	$2.5{\geqslant}q_1>1.5$	$1.5{\geqslant}q_1>0.5$	$q_1{\leqslant}0.5$

表 8-4 建筑幕墙整体气密性能分级

分级代号	1	2	3	4
分级指标值 q_A[m³/(m²·h)]	$4.0{\geqslant}q_A>2.0$	$2.0{\geqslant}q_A>1.2$	$1.2{\geqslant}q_A>0.5$	$q_A{\leqslant}0.5$

3)雨水渗漏性能(表 8-5)

幕墙的雨水渗漏性能是指在风雨同时作用下,幕墙阻止雨水透过的能力。幕墙的雨水渗漏性能关系到使用功能和使用寿命,因此十分重要。

表 8-5 建筑幕墙水密性能分级

分级代号		1	2	3	4	5
分级指标值 ΔP(Pa)	固定部分	$500{\leqslant}\Delta P$ <700	$700{\leqslant}\Delta P$ $<1\,000$	$1\,000{\leqslant}\Delta P$ $<1\,500$	$1\,500{\leqslant}\Delta P$ $<2\,000$	$\Delta P{\geqslant}2\,000$
	可开启部分	$250{\leqslant}\Delta P$ <350	$350{\leqslant}\Delta P$ <500	$500{\leqslant}\Delta P$ <700	$700{\leqslant}\Delta P$ $<1\,000$	$\Delta P{\geqslant}1\,000$

注:5 级时需同时标注固定部分和开启部分的 ΔP 的测试值。

4）平面内变形性能（见表8-7）

关于玻璃幕墙的平面内变形性能,非抗震设计时,应按主体结构弹性层间位移角限值(表8-6)进行设计;抗震设计时,应按主体结构弹性层间位移角限值的3倍进行设计。

表8-6　主体结构楼层弹性层间位移角限值

结构类型		建筑高度 $H(m)$		
		$H{\leq}150$	$150{<}H{\leq}250$	$H{>}250$
钢筋混凝土结构	框架	1/550	—	—
	板柱-剪力墙	1/800	—	—
	框架-剪力墙 框架-核心筒	1/800	线性插值	—
	筒中筒	1/1 000	线性插值	1/500
	剪力墙	1/1 000	线性插值	—
	框支层	1/1 000	—	—
多、高层钢结构		1/300		

注1:表中弹性层间位移角＝Δ/h,Δ为最大弹性层间位移量,h为层高。

注2:线性插值系指建筑高度在150～250 m间,层间位移角取1/800(1/1 000)与1/500线性插值。

表8-7　建筑幕墙平面内变形性能分级

分级代号	1	2	3	4	5
分级指标值 γ	γ<1/300	1/300≤γ<1/200	1/200≤γ<1/150	1/150≤γ<1/100	γ≥1/100

注:表中分级指标值为建筑幕墙层间位移角。

5）热工性能（表8-8、表8-9）

表8-8　建筑幕墙传热系数分级

分级代号	1	2	3	4	5	6	7	8
分级指标值 $K[W/(m^2 \cdot k)]$	$K{\geq}5.0$	$5.0{>}K$ ${\geq}4.0$	$4.0{>}K$ ${\geq}3.0$	$3.0{>}K$ ${\geq}2.5$	$2.5{>}K$ ${\geq}2.0$	$2.0{>}K$ ${\geq}1.5$	$1.5{>}K$ ${\geq}1.0$	$K{<}1.0$

注:8级时需同时标注 K 的测试值。

表8-9　建筑幕墙遮阳系数分级

分级代号	1	2	3	4	5	6	7	8
分级指标值 $SC[W/(m^2 \cdot k)]$	$0.9{\geq}SC$ ${>}0.8$	$0.8{\geq}SC$ ${>}0.7$	$0.7{\geq}SC$ ${>}0.6$	$0.6{\geq}SC$ ${>}0.5$	$0.5{\geq}SC$ ${>}0.4$	$0.4{\geq}SC$ ${>}0.3$	$0.3{\geq}SC$ ${>}0.2$	$SC{\leq}0.2$

注1:8级时需同时标注 SC 的测试值。

注2:玻璃幕墙遮阳系数＝幕墙玻璃遮阳系数×外遮阳的遮阳系数× $\left(1-\dfrac{非透光部分面积}{玻璃幕墙总面积}\right)$。

6）隔声性能（表 8-10）

表 8-10　建筑幕墙空气声隔声性能分级

分级代号	1	2	3	4	5
分级指标值 R_W（dB）	$25{\leqslant}R_W{<}30$	$30{\leqslant}R_W{<}35$	$35{\leqslant}R_W{<}40$	$40{\leqslant}R_W{<}45$	$R_W{\geqslant}45$

注：5 级时需同时标注 R_W 测试值。

7）采光性能

表 8-11　建筑幕墙采光性能分级

分级指标	1	2	3	4	5
分级指标值 T_T	$0.2{\leqslant}T_T{<}0.3$	$0.3{\leqslant}T_T{<}0.4$	$0.4{\leqslant}T_T{<}0.5$	$0.5{\leqslant}T_T{<}0.6$	$T_T{\geqslant}0.6$

3. 安装节点做法（图 8-1 至图 8-4）

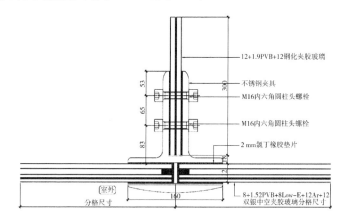

图 8-1　全玻幕墙节点示意

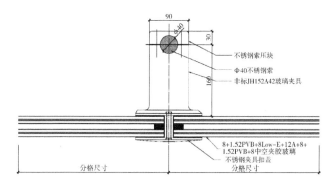

图 8-2　拉锁幕墙节点示意

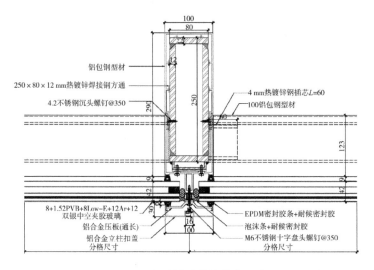

铝包钢型材
250×80×12 mm热镀锌焊接钢方通
4.2不锈钢沉头螺钉@350
4 mm热镀锌钢插芯L=60
100铝包钢型材

8+1.52PVB+8Low-E+12Ar+12
双银中空夹胶玻璃
铝合金压板(通长)
铝合金立柱扣盖
分格尺寸
EPDM密封胶条+耐候密封胶
泡沫条+耐候密封胶
M6不锈钢十字盘头螺钉@350
分格尺寸

图 8-3　竖明横隐幕墙节点示意

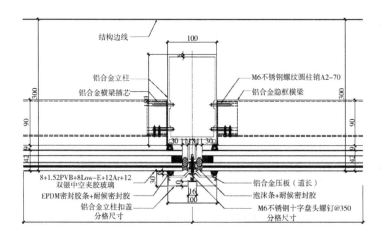

结构边线
铝合金立柱
铝合金横梁插芯
M6不锈钢螺纹圆柱销A2-70
铝合金隐框横梁

8+1.52PVB+8Low-E+12Ar+12
双银中空夹胶玻璃
EPDM密封胶条+耐候密封胶
铝合金立柱扣盖
分格尺寸
铝合金压板(通长)
泡沫条+耐候密封胶
M6不锈钢十字盘头螺钉@350
分格尺寸

图 8-4　横明竖隐幕墙节点示意

4. 产品精度及安装精度

1）外墙所有框架部件的最大允许误差尺寸

竖料长度：±1.5 mm。

横料长度：±1.0 mm。

竖料直线度：±1.5 mm。

横料直线度：±1.0 mm。

2）每块玻璃的最大允许误差尺寸

高度和宽度：±2.0 mm。

边缘直线度：±1.0 mm。

3）外墙安装的准确性要求

直线度：±2 mm（在任一楼层高度）。

水平度：±2 mm（在一个结构单元宽度）。

垂直度：±2 mm（在任一楼层高度）。

平整度：±2 mm（在任一楼层高度，或一个结构单元宽度）。

接缝：±2 mm（两块相邻板材之间任何方向的对齐）。

4）构件节点偏差符合的标准

在任何节点的长度之内（包括与其他构件的接缝部分），最宽处与最窄处相差不应超过 10%。其相差应均匀分布，不应有突然变化。

横向节点同一方向在节点两端的平行错位不超过节点宽度的 10%。

相邻板块之间的平行错位不超过接缝宽度的 10% 或 1.5 mm，以较小数据为准。

5. 幕墙防雷系统

幕墙设计和安装时应达到导电的连续性，在主要防雷系统上设等势接点，并遵照下列原则：

1）幕墙应在机电分包商负责的主接地终点与外墙挂板系统之间设立电流连接，并确保外墙的金属结构框架自身是通路。安装应遵守所有相关的国家电线布线法规和规范。

2）外墙施工时应每层至少提供 8 块至少 3 mm 厚的铝板或铝角，在每层楼的吊顶上方从外墙框架内侧延伸 150 mm，每块板上有一个直径 6 mm 孔洞和螺钉，以在外墙挂板系统与最近的机电分包商提供的暴露/无关联导体之间设立等势接点。

3）幕墙施工应按照需要与主要避雷系统的分包商协调，与其商定合适的连接点。外露胶带或可视的连接是不可接受的。

6. 幕墙清洗荷载

在外墙挂板表面 100 mm×100 mm 方形区域内垂直施加 0.75 kN/m² 行走荷载及 1 500 N 静荷载时，外墙应保持安全及无损坏。与铝装饰罩板相关的所有构件应能承受垂直于铝挂板表面的 1 kN/m² 均布荷载,不可有损坏。

7. 幕墙密封胶试验

密封胶接触的每种基材上至少进行 10 组试验。试验内容应包括但不限于:相容性、黏结性、污染、PVB 胶层的相容性。幕墙施工时应根据经认可的密封胶生产厂家提供的方法和程序进行至少 3 组现场耐候密封胶黏结性测试。

1) 相容性:分包商要提供每种密封胶的试验合格证,证实密封胶与所有周边材料包括面饰(阳极氧化层、涂层等)、玻璃膜层、胶条、垫块、定位垫块、泡沫棒、混凝土及钢构件等相容。经过国家认证的实验室提供的试验合格证应包括已检查经审定的节点详图,并对测试的密封胶周围的所有材料均进行测试。

可以由密封胶制造商提供相容性试验合格证。如果不是由制造商进行试验,分包商必须提交密封胶制造商对试验合格证的书面验收认可单。

2) 黏结性:湿式密封胶在现场安装前必须经过试验。采用"手拉"的方法,取 3 处不同的地方,每处至少要进行 3 次试验。密封胶制造商要记录及出具报告,每个试验进行期间,密封胶制造商均应派代表出席,并由分包商负责提交报告供招标人核准。报告应说明密封胶制造商关于清洗、涂底漆以及勾缝等步骤的要求。试验应正确及严格按指定步骤进行。在现场实际位置进行干式耐候密封条(胶条)和气密条试验,并在有关密封条的实际基层进行。

密封胶和胶条经业主、招标人、建筑师、发包人和幕墙顾问认可后才可进行密封施工,且不排除其他地方提及的规定。

3) 硅酮结构胶:应对玻璃组装面积的至少 10% 进行结构硅酮胶测试。测试方法按照生产厂家的建议,但至少要测试黏结性和凝聚力。若不进行现场测试,分包商也可对所有玻璃组装面积的 10% 使用 100% 均布设计外向压力测试。该测试应在玻璃分包商的加工厂内并在硅酮胶生产厂家的监察下进行。

当结构硅酮胶用于玻璃或其他板材与框架的接触面,或用于玻璃与玻璃接触面时,如中空玻璃单元,在应力线上最弱构件的最小强度应为 420 kPa 或 3 倍的设计强度,二者取大值。但是若考虑采用最小强度小于 420 kPa 的构件,则应由硅酮结构胶制造商出具证明,同时由一个经审定的独立实验室提出书面论证。

4）加工期间的监控：应提供连续的结构硅酮胶的验收检查和维修记录文件。

清洗：详细说明可采用的去污剂及其使用方法。

检查：定期提供检查记录表格，提前注明每次检查日期，表格必须注明全部的检查步骤。

割胶样品：定期进行结构密封胶和耐候密封胶割胶试验，检查密封胶的肖氏硬度及受拉特性。按照招标人要求进行剥离试验。

对于上述每项监控内容，须清楚列明合格/不合格的标准，如果结果不合格，应提出相应的修正措施。

第九章 | 安装工程

9.1 电气安装

1. 配管、线槽、穿线工艺

1）薄壁镀锌钢管（JDG、KBG）敷设主要工艺要求

（1）配管应排列整齐，标识有序；进入箱、盒管口平齐，护口到位。KBG管进入盒（箱）时，应一孔一管，并采用螺纹接头连接，同时应锁紧。

（2）暗配管路宜沿最近路线敷设，应横平竖直，且不宜在墙内横向开槽，并尽量减少弯曲。敷设在砖墙、砌体墙内的管路，剔槽宽度不应大于管外径5 mm，固定点间距不应大于1 000 mm。

（3）管路的弯曲半径至少在6D以上，弯扁度在0.1D以下。

（4）Φ25及以下的管弯采用手动煨弯器加工；Φ32～Φ40的管弯采用成品件。

（5）KBG管应采用专用工具进行连接，不应敲打形成压点。严禁熔焊连接。管路为水平敷设时，扣压点宜在管路上、下方分别扣压；管路为垂直敷设时，扣压点宜在管路左、右侧分别扣压。当管径为Φ25及以下时，每端扣压点不应少于2处；当管径为Φ32及以上时，每端扣压点不应少于3处，且扣压点宜对称，间距宜均匀。扣压点深度不应小于1.0 mm，且扣压牢固、表面光滑、管内畅通。管壁扣压形成的凹、凸点不应有毛刺。

（6）管路采用支架、吊架固定，固定间距在1 000～1 500 mm之间，在管

194

子进盒处及弯曲部位两端 150～300 mm 处加吊杆及固定卡固定,末端的灯头盒要单独加设固定吊杆。

（7）墙面暗敷管线的保护层厚度应大于 15 mm。

（8）强、弱电线缆在导管和线槽内不应有接头,且网线从配线箱至终端全程不应有接头。

2）PVC 管敷设主要工艺要求

（1）材料要求:应采用阻燃电工 PVC 管,并应有检定检验报告单和产品出厂合格证。

（2）必须使用弯管弹簧或手扳弯管器煨弯弯管。煨弯应按要求进行操作,其弯曲半径应大于 6D。

（3）管路垂直或水平敷设时,每隔 1 m 距离应有一个固定点,在弯曲部位应以圆弧中心点为起始点距两端 300～500 mm 处各加一个固定点。管路应连接紧密,管口光滑,使用胶黏剂连接紧密、牢固。

3）金属线槽安装(CT)主要工艺要求

（1）支架与吊架的规格不应小于扁铁 30 mm×3 mm,扁钢 25 mm×25 mm×3 mm。

（2）严禁用电气焊切割钢结构或轻钢龙骨任何部位。

（3）固定支点间距不应大于 1.5～2 m。在进出接线盒、箱、柜、转角、转弯和变形缝两端及丁字接头的三端 500 mm 以内应设置固定支持点。

（4）在吊顶内敷设的线槽应单独设置吊杆,吊杆直径不应小于 5 mm;支撑应固定在主龙骨上,不允许固定在辅助龙骨上。

（5）线槽应按规范要求做好整体接地;接地处螺丝直径不应小于 6 mm,并且需要加平垫和弹簧垫圈,用螺母压接牢固。

（6）导线应及时做好标识工作,标识要求清晰明确,便于查线检修等（暗装管路可采用红色墨线弹出标识,并做好管线的隐蔽记录）。

2. 开关、插座安装要求

1）同类开关按键的开、合方向应一致。

2）电源插座间的接地保护线（PE 线）不应串联连接,相线与中性线（N线）不应利用插座本体的接线端子转接供电。

3）面板安装应平正牢固,表面光洁无划痕。暗装式面板应紧贴墙面/饰面,四周无缝隙。

4）有装饰面遮饰的线缆应穿套管保护,不应裸露在装饰层内。

5）同类面板标高应一致。同一空间内的同类面板高差不应大于5 mm,在同一面墙上时不应大于3 mm;并列安装的同规格面板高差不应大于1 mm,且间距一致。

6）并列安装的不同类别的面板在满足规范前提下应尽量统一安装高度(底边平齐)。

7）安装在同一室内的开关,宜采用同一系列的产品,开关的通断位置应一致,且操作灵活、接触可靠。开关安装的位置要求为:开关边缘距套线距离宜为150 mm,下口距地面高度宜为1 300 mm。

3. 灯具安装

1）总重量小于75 kg的灯具,应采用双层18 mm多层板加膨胀螺栓四点固定的方式连接在结构板(或梁)上。

2）灯具总重量在75～150 kg之间的,应采用化学锚栓或其他可靠方式在结构板(或梁)上设置挂钩,挂钩宜采用L60×6镀锌角钢。

3）总重量大于150 kg的灯具,应采用四个Φ12以上化学锚栓与结构板(或梁)进行可靠连接,并应对连接件、结构楼板(或梁)进行受力计算后方可实施安装。

4）成排安装的灯具中心线偏差不应大于5 mm。

9.2 配电箱安装

1. 操作工艺

1）绝缘摇测:配电箱各出线回路安装完毕后应进行绝缘摇测。摇测项目包括相线与相线之间,相线与中性线之间,相线与保护地线之间,中性线与保护地线之间。摇测结果应合格。

2）配电箱各回路标识应正确、明显(如图9-1所示)。

3）配电箱各出线回路导线线色应与出线开关进线线色一致,配线应整齐无铰接,导线连接紧密,线芯无损伤、断股。

4）多股线应搪锡,线鼻子应与线径配套,同一端子上连接导线不应超过两根。

图 9-1　配电箱标识

5）同回路导线应共管敷设,同一单相供电区域相线线色应一致。

6）应采用打印标签统一标识箱内各开关出线回路负荷名称。

2. 成品保护

1）配电箱安装完成后,应用纸板对其进行成品保护,避免碰坏和弄脏电具、仪表。

2）安装箱(盘)面板(或贴脸)时,应注意保护墙面整洁。

3）穿线完成后,对配电箱面用 12 mm 多层板进行封闭(如图 9-2 所示),防止电线被盗。

图 9-2　配电箱封闭

9.3 卫生间等电位安装

浴室内的金属浴缸、金属给排水管以及灯具、插座接地保护线（PE 线）应与局部等电位端子箱相连接，连接线采用 BVR～1×4 mm² 穿 PC16 塑料管保护暗敷，如图 9-3、图 9-4 所示。

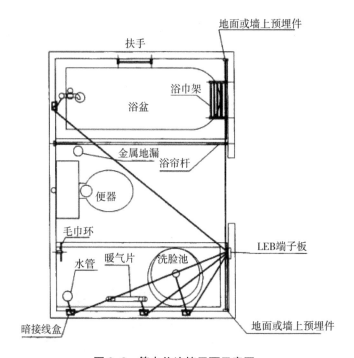

图 9-3 等电位连接平面示意图

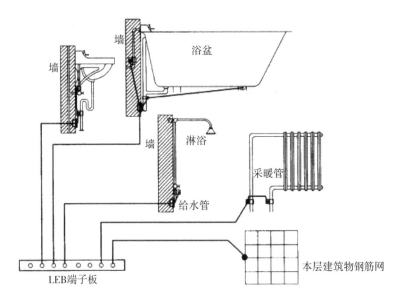

图 9-4　等电位连接系统示意图

9.4　卫生洁具安装

1. 安装条件

1）所有与卫生洁具连接的管道压力、闭水试验已完毕，并已办好隐预检手续。

2）浴盆的安装应待土建做完防水层及保护层后配合土建施工进行。

3）其他卫生洁具应在室内精装基本完成后再进行安装。

2. 安装注意事项

1）马桶登高管应不低于地面装饰完成面（以高于装饰完成面 3 mm 为宜）；登高管口的地面材料开孔应开圆口，确保管壁外与地面材料基本密实，并用柔性胶泥对缝隙进行填堵（如图 9-5 所示），确保管口不漏水至地面砂浆层。

2）安装抽水马桶时，应确保马桶下水口、密封圈和马桶登高管的中心点一致，并确保马桶下水口和密封圈的密封性，以及密封圈是否完整套入登高管。

3）台盆不锈钢 S 弯下水管与登高管的交接部位必须用柔性胶泥或中性密封胶进行填堵，防止异味串出。

199

图 9-5　马桶下水管割口示意

9.5　给水管道安装

1. PPR 管安装注意事项

1）管道表面应光滑、平整、无气泡、无裂口和明显的痕迹和凹陷，色泽均匀。

2）配管时应结合图纸及卫生器具的规格型号，确定甩口的坐标及标高，严格控制甩口误差，管道配制后应固定牢靠，以免造成位移。各支管长度应根据实测值，结合卫生器具及连接管件的尺寸确定，截制工具应使用专用铰刀，断口应平齐，且垂直于轴线，并用扩口器扩口、整圆。管道需要穿越金属构件、墙体、楼板和屋面时，应在管道穿越部位设置金属保护套管。管道不得穿越门窗、壁橱、木装修。管道穿越沉降缝时采用膨胀节补偿。

3）管道的固定卡子与管道紧密接触，不得损伤管道表面。

4）管道敷设应避免轴向扭曲。可作适当轴向弯曲，以穿越墙壁或楼板。

5）当与其他管道并行敷设时，应留有不小于 50 mm 的净距，并宜在金属管道的内侧。

6）室内地坪以下的管道敷设应在土建工程回填夯实后进行。

7）埋地管道回填时,管周的回填土不得夹杂坚硬物直接与塑料管壁接触。应先用砂土或颗粒径不大于 12 mm 的土壤回填至管顶上侧 300 mm 处,经夯实后方可回填土。室内埋地管道深度不宜小于 300 mm。

8）管出地坪处应设套管,高度高出地面 100 mm。管道穿越基础墙应设置金属套管。套管与基础墙预留孔上方的净空高度不小于 100 mm。

9）应严格控制 PPR 管道的熔接温度(正常熔接温度 260～290℃),避免因熔接过度造成实际管道内径变小或弯、接头处堵塞等情况。

2. 卡压式薄壁不锈钢管安装注意事项

1）用钢锯按所需长度切断管子,管子截断后应清除断口的毛刺和锯屑,尤其是残留管口壁的锯屑和污物,管子的截断端面应垂直于管子的轴线。

2）管道的连接采用专用管件,先按厂家提供的《插入长度表》在管端划线做标记,用力将水管插入管件到划线处。将专用卡压工具的凹槽与管件环形凸槽贴合,确认钳口与管子垂直后开始作业,缓慢提升卡压机的压力至 35～40 MPa 压至卡压工具上,当下钳口闭合时,完成卡压连接。卡压完成后应缓慢卸压,以防压力表被打坏。

3）卡压完成后,检查划线处与接头端部的距离,若 DN15～DN25 距离超过 3 mm,DN32～DN50 距离超过 4 mm,则属于不合格,需切除后重新施工,卡压处使用六角量规测量,能够完全卡入六角量规的判定为合格。若有松驰现象,可在原位重新卡压直至用六角量规测量合格。

4）卡压薄壁不锈钢管管壁较薄,支架间距不应大于 2 m。

5）管道施工完做水压试验,先缓慢向管道内充水,并于高点将空气排除,直至管道内完全充满水。管道的试验压力为工作压力的 15 倍,但最低不应低于 0.6 MPa。升至规定的试验压力后,稳压 10 min 观察各接头部位是否渗漏,如 10 min 内压力下降不超过 0.05 MPa,且系统无渗漏即为合格。

6）水管及管件搬运时应轻拿轻放,不得抛、掷和随意踩踏,避免管道变形,造成卡压失败。

7）不得使用油脂类润滑液,以免油脂使橡胶密封圈变性,长期使用后造成漏水。

8）若安装时发现弯曲不直应在直管部分进行修正,不得在卡压处校正,以免卡压返松。

9）若二次卡压仍达不到卡规测量要求,应检查卡压钳口是否磨损。一般情况下卡压机连续使用三个月或卡压 5 000 次必须送供货商检验、保养。

10）管卡或支架应采用不锈钢材料，如采用碳钢制品时，必须用 3 mm 以上的橡胶衬垫或木垫块进行阻断，严禁不锈钢与铁接触，防止电化学腐蚀。

11）严禁水泥砂浆、混凝土及草酸等含氯化物超标的清洗液污染腐蚀管道。

12）热水管应做保温，保温材料应采用发泡聚乙烯、橡塑、玻璃棉等不含可溶性氯离子的保温材料。不得采用氯丁胶、万能胶等含有氯离子的胶水。

13）管道安装间歇或完成后，管子敞开处应及时封堵，防止水泥等粉尘污染腐蚀管道。

14）打压验收要求严格采用符合饮用水指标的自来水，严禁采用地下水、井水、工地集水坑内污水等进行压力试验。试验结束后，必须开启泄水装置将管道内的水排空。

15）饮用水管道在试压合格后用生活饮用水以不小于 1 m/s 流速进行冲洗，至出口浊度与进口相同为止，宜采用 0.03％高锰酸钾消毒液灌满管道进行消毒或采用氯离子浓度为 20 mg/L 的清洁水灌满进行消毒。

注：严禁使用紫铜管。

9.6　排水管道安装

1. UPVC 管的安装

1）管道的锯管及坡口：锯管长度根据实测并结合各连接件的尺寸逐层确定；锯管工具宜选用细齿锯、割刀和割管机等机具。断口应平整并垂直于轴线，断面处不得有任何变形；插口处可用中号板锉成 15°到 30°坡口。坡口厚度宜为管壁厚度的 1/3～1/2。坡口长度一般不小于 3 mm。坡口完成后应将残屑清除干净。

2）黏合面的清理：管材或管件在黏合前应用棉纱或干布将承口内侧和插口外侧擦试干净，使被黏结面保持清洁，无尘砂无水迹。当表面沾有油污时，须用棉纱蘸丙酮等清洁剂擦净。

3）胶黏剂涂刷：用油刷蘸胶黏剂涂刷被黏接插口外侧及粘接承口内侧时，应轴向涂刷，动作要迅速，涂抹要均匀，且涂刷的胶黏剂应适量，不得漏涂或涂抹过厚。冬季施工时尤须注意，应先涂承口，后涂插口。

4）承插口的连接：承插口涂刷胶黏剂后，应立即找正方向将管子插入承口，使其顺直，再加挤压。应使管端插入深度符合所划标记，并保证承插接口的直度及接口位置正确，还应静待 2～3 min，防止接口滑脱，预制管段节点间误差应不大于 5 mm。

5）承插接口的养护：承插接口插接完毕后，应将挤出的胶黏剂用棉纱或干布蘸清洁剂擦试干净。根据胶黏剂的性能和气候条件静置至接口固化为止。冬季施工时固化时间应适当延长。

2. 铸铁排水管的安装

1）铸铁排水管按设计要求刷好底油，方能施工安装。要严格按验收规范要求选料施工，即排水管道的横管与横管、横管与立管的连接，应采用 45°四通及 90°斜三通或 90°斜四通，立管与排出管的连接，应采用两个 45°弯头或弯曲变径小于四倍管径的 90°弯头。

2）污水管起点的清扫口与管道相垂直的墙面距离，不得小于200 mm，若设置代替清扫口的器具，与墙体距离不小于 400 mm。管道坡向要合理，支吊架位置要正确，防止管子出现严重塌腰现象，排水管道固定件间距不大于 2 m。待工作完毕或下班时用抹布堵住外露管口，以免掉进杂物。待房内安装基本完毕后进行通球和灌水试验。合格后再进行室外管道的铺设。排水管道必须做灌水试验，其灌水高度不低于底层地面高度，满水 15 min 后，再灌满延续 5 min，液面不下降为合格。

3）所有带检查口的存水弯、弯头等管件安装时，检查口必须拆开，满涂厚白漆，再进行下道工序。

4）通球试验完成后，对横管、立管的检查口逐一排查，确认检查口是否密封。

9.7 水地暖安装

安装顺序及注意事项如下：

1）分集水器用 4 个膨胀螺栓水平固定在墙面上，安装要牢固，加地漏（干区）。

2）用乳胶将 10 mm 边角保温板沿墙粘贴，要求粘贴平整，搭接严密。

3）在找平层上铺设保温层（如 2 cm 厚聚苯保温板、保温卷材或进口保温膜等),板缝处用胶粘贴牢固,在地暖保温层上铺设铝箔纸或粘一层带坐标分格线的复合镀铝聚脂膜,保温层要铺设平整。

4) 在铝箔纸上铺设一层 Φ2 钢丝网,间距 100 mm×100 mm,规格 2 m×1 m,铺设要严整严密,钢网间用扎带捆扎,不平或翘曲的部位用钢钉固定在楼板上。设置防水层的房间如卫生间、厨房等固定钢丝网时不允许打钉,管材或钢网翘曲时应采取措施防止管材露出砼表面。

5) 按地暖设计要求间距将加热管用塑料管卡固定在苯板上,固定点的间距、弯头处间距不大于 300 mm,直线段间距不大于 600 mm,大于 90°的弯曲管段的两端和中点均应固定。管子弯曲半径不宜小于管外径的 8 倍。安装过程中要防止管道被污染,每回路加热管铺设完毕,要及时封堵管口。

6) 地面辐射供暖工程施工过程中,严禁有人踩踏加热管。加热管切割应采用专用工具,切口平整,断口截面垂直于管轴线。

7) 埋设在填充层内的加热管不允许有接头。

8) 加热管出地面至分集水器连接处,应保持竖向垂直,弯头不准露出地面装饰加热层。加热管出地面至分集水器下部球阀接口之间的明露管段外部应加柔性塑料套管,套管应高出装饰面 150 mm。

9) 加热管与分集水器装置及管件应采用夹套式或卡箍式挤压加紧连接。连接材料为铜质,内部压紧活塞或卡箍的材料为三元乙丙。

10) 检查地暖铺设的加热管有无损伤、管间距是否符合设计要求后,从注水排气阀注入清水进行水压试验,试验压力为工作压力的 1.5~2 倍,但不小于 0.6 MPa,稳压 1 h 内压力下降不大于 0.05 MPa,且不渗不漏为合格。

11) 当房间边长超过 8 m 或面积超过 40 m² 时,地暖辐射供暖地板要设置伸缩缝,缝的尺寸为 5~8 mm,高度同细石混凝土垫层。塑料管穿越伸缩缝时,应设置长度不小于 400 mm 的柔性套管。在分水器及加热管道密集处,管外用不短于 1 000 mm 的波纹管保护,以降低混凝土热膨胀。在缝中填充弹性膨胀膏(或进口弹性密封胶)。

12) 加热管验收合格后,回填细石混凝土,加热管保持不小于 0.4 MPa 的压力;垫层应采用人工抹压密实,不得用机械振捣,不许踩压已铺设好的管道,细石混凝土接近初凝时,应在表面进行二次拍实、压抹,以防止顺管轴线出现塑性沉缩裂缝。表面压抹后应保湿养护 14 d 以上,垫层达到养护期后,管道系统须带压施工。

13) 对于有地热的部位,要从以下几个方面来控制地暖的施工:

（1）如果条件允许，建议项目公司将地暖及砼保护层先行施工，确保水汽有充分的干燥期。

（2）地暖保护层及地板铺设完成后，各道工序要严格按照规定流程操作，严禁在有地热铺设木地板区域的地暖保护层上直接拌制砂灰等，后期木地板保洁时严禁使用拖把，防止拖把多余水分通过地板缝隙进入地板夹层导致地板及踢脚线受潮发霉。

（3）对于交付业主后长期无人居住的精装修空关房，要加强对业主的温馨提醒，必要时可委托物业公司代为通风透气，减少因长期密闭引起的木地板霉变。

（4）对于在交付时已开通燃气的项目，公司在调试地暖设备时应注意地暖首次使用不宜将温度设置过高，避免水汽过快蒸发、凝结；交付业主前未通气、调试的项目，在通气后应由专业人员负责对地暖进行调试，并向业主进行温馨提醒。

（5）各项目在进行地暖地板采购时，应加强对质量的把控，确保所使用地板为地暖专用地板。

14）地暖分水器进水处应装设过滤器，防止异物进入地热管道环路。

第十章 | 附录

1. 施工计划书

1）施工计划书的目的

施工计划书的目的是帮助施工者把工程中实际施工的具体内容以文件的形式表示出来，计划书中包含临时计划、安全对策、工序计划、质量计划、养护计划等内容。

2）施工计划书的种类

施工计划书分为综合施工计划书和分工种的施工计划书。

（1）综合施工计划书包括综合临时计划、整体工程表、工程车辆路径、现场组织和人员计划、紧急联络体制、安全卫生计划、环境保护计划、各机关备案计划、主要工程施工方法、工种施工计划书制作计划等内容。

（2）工种别施工计划书包括工程概要、施工管理体制、工程表、使用器材、施工机械、临时计划、施工方法、质量计划、安全卫生计划等内容。根据发包人的要求事项、物件相应的规格和施工条件，制作成满足基本质量要求，并明示工程照片和票据等质量记录的方法也可以。

3）从施工计划书制作到工程着手的流程

需要预计从施工计划书制作到工程开工的必要时间。根据工程的种类和规模不同，预计所需时间一般为 1.5 个月左右。通过提前制定施工计划书，可以防止工程开工的延迟。施工计划书编制细节如表 10-1 所示。

表 10-1 计划书编制细节

施工计划书一览表的制作 施工计划书工程表的编制	将应编制的施工计划书列成一览表,与工程监理人、发包人(监理人员)商定
按工种编制施工计划书	根据该工程的特记规格书等,记载管理体制、工程材料管理、各种管理规定等
施工要领书编制	根据施工计划书,委托有关各公司制作施工要领书
施工要领书的确认	确认施工要领书的内容是否符合各种管理规定,需要修改时委托重新提交
施工要领书的领取 提交给工程监理人	将重新提交的施工要领书汇总成施工计划书,提交给工程监理人
施工计划的修正 工程监理人再提出	工程监理人员修改验收后重新提交
向发包人提交施工计划书	经工程监理人批准后,向发包人(监理人员)提交施工计划书
施工计划书的修改 重新提交给发包人	修改定作人(监督人员)的检查后,重新提交
动工	

2. 综合图制作要领

1) 综合图的目的

综合图是将建筑图、电气图、机械图(给排水卫生图、空调图)中记载的各种器具类记入同一建筑平面图中,调整比例,并将其结果反映在施工图中的复合图。其目的是帮助提高施工图制作的效率和精度。

2) 综合图的种类

综合图的种类有综合平面图(墙壁地面)、综合天花板平面图、综合外环境图等。在这些综合图制作过程中,必须研究天花板内、机械室内、EPS内、DPS内的管道、配管、电缆桥架、柜类的节点。

3) 制作时间

因为综合图是制作施工图的基础资料,所以理想的时间是在施工图制作开始前完成。另外,综合图施工图的制作需要制定日程表并进行管理。

4) 创建综合平面图

(1) 准备建筑平面图(比例尺 1/50 或 1/100)。

(2) 在平面图中,墙壁地板上的电气设备的开关、插座、柜类、卫生器具、热水器、消火栓、空调设备的控制器、煤气炉、排气扇等用事先确定的符号进行绘制。

（3）各器具的位置、高度，以设计者为中心与相关人员协商确定。在平面图上配合位置、高度的尺寸填写。对于器具种类错综复杂、综合平面图中难以决定的部分，制作展开图并调整后决定。

5）综合天花板平面图的制作

（1）基本工作的进行方法与"综合平面图"相同。

（2）在平面图中绘制安装在天花板上的各器具（照明器具、洒水头、制气炉、扬声器、传感器等）。

（3）天花板内存在空调设备、各种阀门、风门、各种接头等需要检查的机器、器具类时，填写其位置。

（4）如果有其他需要检查空间的机器类，请填写该空间。

6）综合外环境图的制作

（1）基本工作的进行方法与"综合平面图"、"综合天花板平面图"相同。

（2）外灯、检查井等，以地面表面的东西为中心，埋设在地下的电缆、配管类等也要填写调整。排水管等的坡度很重要，调整时优先。

7）施工图的制作

完成的综合图在得到建筑师和工程监理人员的确认后反映在施工图上。综合图上显示的内容如表 10-2 所示。如有追加变更，每次修改图纸后迅速反映在施工图上，同时记录。

表 10-2　综合图上显示的器具类

		建筑	电气	卫生	空调
综合平面图	墙	外墙玻璃 门扉 镜子 灭火器 消防按钮 排烟口操作器 舷梯 指示牌 检查口 冷却器套筒 通风口	开关（闪烁分类） 插座 电视用 出口 电话 扬声器 对讲机 照明、灯具 钟 配电盘、动力盘	卫生器具 热水器 气体旋塞 水冷却器 消防栓箱 操作箱 发射指示灯	恒温器 热解器 排烟口操作器 出口 吸入口 换气扇 室内冷却器 遥控开关
	地面	立水管 检修孔 地板支柱 计数器 舷梯	插座 地下管道 出口 干线	气体旋塞 检修孔 地板排水 扫地口 喷水栓 竖管	风扇线圈 接触器 包装 竖井 竖管

		建筑	电气	卫生	空调
综合天花板图	天花板	快门盒 排烟口 检查口 防烟垂壁	照明器具 扬声器 探测器 警备终端器	洒水喷头 圆头	风口 吸风口 排烟口 风扇线圈 吊扇
综合外环境图	外环境	栽植 排水管 招牌 消防用水 灭火器	外灯 庭园灯 检修孔 插座 引入柱 计量器 埋设干线 电箱 室外电箱	排水 止水栓 喷水栓 量水器 排水管 送水口类 净化槽 汽油捕集器 挖井 水槽 泵类	冷却塔 室外机 油箱 加油口

后记

一直有写一本书的梦想,写作本书正是在踏踏实实完成自己的这个梦想。无奈自己虽然积累了一些经验,但是仍然有很多不足之处,原本想把自己在国外积累到的先进管理经验展示给读者,但由于受知识量限制和读者要求,在原有思路基础上进行了删减和补充,特别详细总结了室内精装修的管理内容。在如今的房地产市场环境中,精装修房的质量不仅仅是开发商关注的焦点,更是买房业主们的期望所在,如何给业主呈现满意的精品住宅,一直是我们在努力探索的内容。作为房地产行业的管理人员,希望能通过此书唤醒心底热爱建筑行业的一群人,帮助有专业知识需求的一群人,也希望建筑行业以外的人通过阅读本书可以对建筑行业有进一步的认识。

感谢陈杰、龚瑞宇、卞姝芬、张鹏等人对本书内容的整理与校对,感谢河海大学出版社对本书出版的大力支持。总结过去的经验,是为了让我们更好地前行,沉舟侧畔,千帆竞发;病树前头,万木逢春。借由这本书抛砖引玉,希望能在建筑行业变革的年代给读者带来些许启发。